生活中的环境与健康
ENVIRONMENT AND HEALTH IN LIFE

曲建翘　孙　丽　盖一泽 / 主编

中国环境出版集团·北京

图书在版编目（CIP）数据

生活中的环境与健康 / 曲建翘，孙丽，盖一泽
主编 . —北京：中国环境出版集团，2022.8（2025.1 重印）
ISBN 978-7-5111-5289-3

Ⅰ. ①生… Ⅱ. ①曲… ②孙… ③盖… Ⅲ. ①环境
影响—健康 Ⅳ. ① X503.1

中国版本图书馆 CIP 数据核字（2022）第 161074 号

责任编辑	赵楠婕
封面设计	岳 帅

出版发行	中国环境出版集团	
	（100062 北京市东城区广渠门内大街 16 号）	
	网 址：http://www.cesp.com.cn	
	电子邮箱：bjg1@cesp.com.cn	
	联系电话：010-67112765（编辑管理部）	
	010-67162011（第四分社）	
	发行热线：010-67125803，010-67113405（传真）	
印 刷	玖龙（天津）印刷有限公司	
经 销	各地新华书店	
版 次	2022 年 8 月第 1 版	
印 次	2025 年 1 月第 2 次印刷	
开 本	880×1230 1/32	
印 张	4.375	
字 数	100 千字	
定 价	26.00 元	

中国环境出版集团郑重承诺：
中国环境出版集团合作的印刷单位、材料单位均具有中国环境标志产品认证。

编委会

前言
PREFACE

科技正飞速改变世界，创造历史。生活环境对健康的影响是各国人民共同关心的问题。所以人们用"知识就是健康"来形容知识在我们这个时代对健康的意义。

本书中的文章是从编者们多年来精心撰写的大量健康科普文章中精选而来的。本书出版发行的目的是为民众普及卫生、环境和健康的相关知识，希望广大读者从中受益。

本书共分三章：第一章，室内外环境与健康。第二章，化学物质与人体健康。第三章，卫生与健康。

本书的出版发行是编委会共同努力的结果，得到辽宁建环工程质量检测公司、北京绿林环创科技有限公司和北京华云分析仪器研究所有限公司的资助。同时得到主编所在单位——中国疾病预防控制中心环境与健康相关产品安全所的领导和同人们的大力支持和帮助，在此表示衷心的感谢。

因本书内容涉及多学科的知识，如有不当之处，敬请批评指正。

编　者

2022 年 6 月

目 录
CONTENTS

第三章　卫生与健康

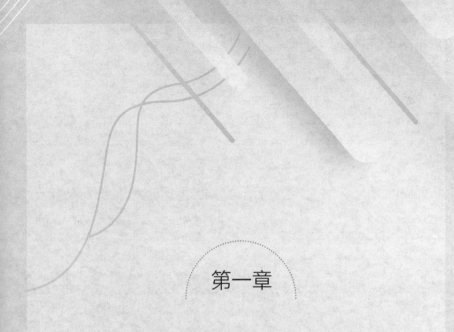

第一章

室内外环境与健康

厨房里的"健康杀手"——油烟

中国饮食文化源远流长，色、香、味、形俱全的中式菜肴使人们食欲大增，也使中餐享誉世界。然而，猛火旺油的中式烹饪方式，却使人们长期以来深受油烟之苦。当你在品尝美味佳肴时，可曾想到自己或家人在烹制这些佳肴时，不得不忙碌于弥漫的油烟中，你是否了解厨房中不仅有油烟还有多种烃类、醛类等致癌物质，若长时间吸入可能会导致肺癌。如在南京城区一次调查中人们发现，当时人群中51.6%的肺鳞癌和60%的肺腺癌的发生，都与厨房油烟的污染有关。

那么，该如何将人们从厨房的油烟威胁中解救出来，让做饭变成一种愉悦的身心享受呢？

一、揭开油烟的"面纱"

厨房油烟是室内的重要污染源之一。由于油烟太常见，我们往往会忽视它对人体造成的危害。今天，让我们来揭开油烟的真正面目。

油烟是食用油加热产生的，食用油中不同成分沸点不同，其主要成分的沸点约为300℃。当将油加热至50～100℃时，油面上略有轻微的热气上升，这时油中所含的低沸点物质开始汽化，形成肉眼可见的油烟。这些油烟主要由直径为

10^{-3} cm 以上的小油滴组成。当温度大于 270℃时，高沸点的物质开始汽化，并形成大量的青烟，这些青烟主要由直径范围为 10^{-7}~10^{-3} cm、不为肉眼所见的微小液滴组成。

往油锅里加入食物，食物中所含的水分急剧气化膨胀，遇冷冷凝后部分冷凝物呈雾状与油烟、燃料不完全燃烧产生的一些细小的颗粒物和有害气体等组成油烟雾。

二、油烟的致命威胁

国内科技人员研究发现，当把菜籽油、精致菜油和豆油加热至（265±5）℃时，可检测出苯并芘和二苯并蒽等 5 种多环芳烃化合物；还有研究人员从油烟冷凝物中，检测出 10 余种烃类、醛类的降解物。在国外，专家也曾模拟油煎食物的条件，冷凝收集了玉米油等的原挥发物，检测出 220 种化合物，其中主要成分有醛、酮、烃、脂肪酸、醇、芳香族化合物、酯和杂环化合物等。饱和脂肪酸类成分约占总化合物的 60%。不饱和脂肪酸类成分约占总化合物的 40%。

烃类、醛类等化合物均对人体有害。以苯并芘为例，研究发现，在动物实验中，随着苯并芘的含量增高，肺部肿瘤（肺癌、纤维肉瘤、腺瘤）的发生率也相应增高。调查发现，从事 10 年以上烹调的妇女，呼吸道疾病比例增加，肺活量、最大通气量等肺功能指标均低于对照组。而在尼日利亚的调查表明，母亲在厨房烹调时，带在身边的婴幼儿支气管炎的发生率也有所增高。

三、如何减少油烟危害

我国烹调食物的特点是高温烹饪，而且很多地区受经济或生活习惯影响，仍以煤为能源，其产生的可吸入颗粒物如二氧化硫（有促癌作用）、苯并芘等有害物质容易引发厨房健康危机，是引发肺癌的重要因素。

在城市中，为追求时尚，许多厨房装修采用开放式设计，但限于生活习惯仍以制作中餐为主，这样就容易使油烟弥漫，应引起高度重视。

那么，如何防止厨房油烟给人体健康带来的危害呢？以下几种方法可供参考。

（1）加强厨房内的通风，厨房里一定要装上换气扇或油烟机，以保证厨房内的空气流通。

（2）厨房的油烟机尽可能选择排烟率高的。

（3）厨房应和卧室分开，防止厨房内的油烟扩散到卧室内，造成空气污染。开放式的厨房，更应该注意防止油烟的扩散。

（4）对于居民炒菜所用的食用油，要求油一热即可炒菜，防止因油温过高产生大量污染气体。

（5）能源最好使用燃气、煤气、沼气、太阳能及电能等，以减少由燃料燃烧造成的厨房内空气污染。

切莫把光污染引入家庭

房屋装修不但要注意室内空气污染问题，室内灯光的布置也必须符合室内照度的卫生学要求，合理的采光和照明，能使视觉神经系统处于舒适的状态，提高工作效率；反之，若灯光布置不当，会因视觉器官过度紧张导致全身疲劳，长期在光线不足的环境下工作，还会造成近视、弱视。因此，居室照明要符合以下要求。

一是有足够的照明度（以下简称照度）。照度不足，就会降低学习和工作的效率，照度卫生标准［《建筑照明设计标准》（GB 50034—2013）］中起居室内适宜照度是 100 lx，书写、阅读时的适宜照度为 300 lx。二是要求照度恒定、分布均匀，室内照明在空间和时间上都必须是稳定均匀的，不能时亮时暗，出现疏密不均的阴影。最好采用工作面局部照明（如台灯）和室内全面照明（如室内顶灯）相结合的混合照明法。三是避免炫目。较强的光线直射眼睛，光线被反光能力强的物体反射后射入眼睛，或者所视物体与背景的亮度差距悬殊，都可能引起眩目。避免炫目的方法是不要在视野中出现反光体和光源。四是要求人工光源的光谱接近日光。

灯具大致可分为三类：一是豪华装饰型灯具，即在各大宾馆、饭店、写字楼等场所常用的大型组合灯具，周边衬托各种形式的小灯；二是普通型灯具，即人们的居室、办公室、教室等常用的照明灯，如荧光灯、白炽灯、LED 照明灯等；三是各种彩灯，如用于舞厅的旋转彩灯，商店、饭店门面和周围树木上挂的一些小灯等，这些小灯内充满惰性气体，通电后，可产生各种颜色，增添商业气氛。

用于居室中照明的主要是普通型灯具，在安装室内照明设备时，要综合考虑房间的大小、净高等因素。如客厅内可安装吊灯，但若客厅净高较低，应该安装吸顶灯，走廊可以安装小灯，卧室可以安装壁灯。看电视时，室内应该开灯，以防止光线过暗。在看书、学习时，必须有足够的照度，以保护视力。

有人过度关注灯具美观，把商店、饭店等的装修灯具用于居室装修，在客厅内安装舞厅的旋转彩灯及黑光灯，但若长时间使用这些灯具，其会悄悄地危害人们的健康。如果长期在这种灯光照射下，人们会产生倦怠无力、头晕、月经不调、神经衰弱等症状，同时还会诱发白内障。旋转的彩色光源会使人眼花缭乱，对眼睛极其不利；还会干扰大脑中枢神经系统，使人头晕目眩，站立不稳。因此，旋转彩灯、黑光灯等不适合用在家中日常照明。

室内装饰化学污染物对人体健康的危害

　　室内环境对健康的影响是世界各国人民共同关心的问题。国际上各种相关的学术研讨会、著作、论文及科普文章随处可见。室内空气污染有以下几个原因：一是化学污染，如吸烟、厨房燃料燃烧、烹饪产生的油烟等，以及装饰装修所用的建筑材料（大芯板、油漆、涂料等）产生的挥发性物质等；二是生物污染，如细菌、病毒、真菌、尘螨等造成的污染；三是物理因素造成的污染，如不适宜的温度、相对湿度、采光、噪声以及辐射热等；四是室外污染物扩散至室内造成的污染。下文主要介绍室内装饰化学污染物对人体健康的危害。

　　在装饰装修过程中对人体危害比较大的物质如下。

　　1. 甲醛

　　甲醛是一种重要的工业原料，常见于室内装修装饰用的胶合板、细木工板、中密度纤维板和刨花板等人造板中。由于甲醛具有加强板材的硬度和防虫、防腐的功能，所以可用于合成多种黏合剂，如脲醛树脂、酚醛树脂、三聚氰胺甲醛树脂等。人造板常用以甲醛为主要成分的脲甲醛树脂作胶黏剂，脲甲醛树脂又称尿素醛树脂，是由脲（尿素）与甲醛缩聚而成的树脂类物质的总称，主要用于制造涂料、胶黏剂、塑料，也可作为织物和纸张的处理剂等。

板材在使用过程中，一些残留在板材中未参与反应的甲醛会逐渐向周围环境释放，造成室内空气的甲醛污染。而脲甲醛树脂被认为是甲醛释放量最高的胶黏剂原料。除胶黏剂释放的甲醛外，含有甲醛成分的装饰材料，如一些预制板、涂料、墙布、墙纸、化纤地毯、泡沫塑料及油漆等，也会向室内散发甲醛。另外，由于建筑施工中使用的混凝土防冻剂的主要原料尿素和氨水限制了许多外加剂的使用，因此许多混凝土外加剂（减水剂）的主要成分都是芳香族磺酸盐与甲醛的缩合物，若合成工艺控制不当，外加剂也容易释放大量的甲醛，造成室内空气污染。

甲醛的物理化学性质。甲醛是一种无色、有特殊的刺激性气味的气体，对人的眼、鼻等部位有刺激作用，易溶于水和乙醇。通常含有40%左右甲醛的水溶液俗称福尔马林，是一种广谱杀菌的消毒剂。由于福尔马林具有凝固蛋白质的作用，故人和动物的尸体或脏器官可用福尔马林作为浸泡液制成标本，供医学院校教学所用；也可将脏器官的切片浸泡于福尔马林溶液中进行病理学研究。福尔马林是具有刺激性气味的无色液体，并具有强烈的还原作用。

2004年6月15日，世界卫生组织（WHO）的分支机构——国际癌症研究机构（IARC）发布了153号公报，10个国家26名科学家确认甲醛可致人类鼻咽癌。同时指出，甲醛致人类鼻腔癌、副鼻窦癌及白血病等数据还不充分，需进一步研究并进行流行病学的调查。

人们接触甲醛后，甲醛会对皮肤和黏膜产生刺激作用。将兔子的耳朵浸入福尔马林溶液 30 分钟，其颜色发红，并有少量皮肤组织脱落。甲醛蒸气还可引起眼部灼烧、流泪、结膜炎、眼睑水肿、角膜炎、鼻炎、嗅觉丧失、咽喉炎和气管炎等症状。严重者可引发喉痉挛、声门水肿和肺水肿等。甲醛对人体的中枢神经系统，尤其是视丘有强烈的刺激作用。

2. 苯及苯系物

苯及苯系物是重要的工业原料，可用于炼油、生产涂料、制作油漆和合成橡胶等。苯属于中等毒性物质，急性中毒时主要对人体的中枢神经系统造成危害，慢性中毒时主要作用于人体造血及神经系统。它是一种国际公认的致癌物质，在涂料和胶黏剂中禁用。因此，多采用甲苯、二甲苯代替。这两种物质都属于低毒化合物，但一般都混有微量苯。甲苯轻度中毒表现为眩晕、无力、步履蹒跚，呈兴奋或酩酊状态，出现轻度呼吸道及眼结膜的刺激症状。二甲苯慢性中毒表现为头痛、头晕、乏力等症状，长期接触，可引起皮炎、女性月经异常等症状。

3. 其他挥发性有机物

在室内，装饰装修材料所产生的挥发性有机物是造成室内空气污染的重要因素。挥发性有机物的特点是种类多、成分复杂，除上文提及的甲醛、苯及苯系物外，还有许多其他挥发性有机物。这些挥发性有机物主要来源于有机溶剂型涂料和各种板材。其对人体的危害与苯及苯系物相似。

4. 氨

氨主要来自建筑施工中使用的混凝土外加剂，在我国北方，冬季施工会在混凝土里添加高碱混凝土膨胀剂、含尿素的混凝土防冻剂和外加剂，防止混凝土在冬季施工时被冻裂，加快施工进度。然而，含有这些物质的墙体，随着温度、湿度等环境因素的变化会产生氨气，氨气从墙体中缓慢释放出来，造成室内的氨大量增加。另外，来自装修材料中的添加剂和增白剂也含有氨。

氨是一种无色具有强烈刺激性臭味的气体，是一种碱性物质，接触皮肤会对皮肤组织造成刺激。

氨吸入肺部后容易通过肺泡进入血液，与血红蛋白结合，破坏运氧功能。短期内吸入大量的氨气，会出现流泪、咽痛、声带嘶哑、咳嗽、痰带血丝、胸闷、呼吸困难现象，并伴有头晕、头痛、恶心、呕吐、乏力等症状。严重者可出现肺水肿。

5. 石棉

石棉是纤维状镁、铁、钙、钠的硅酸盐矿物的总称。其化学性质不活泼，具有耐酸、耐碱和耐热的性能，又是热和电的不良导体，因此，其在工业中应用十分广泛。若纤维较长可用于制作纺织防火物品，如石棉绳、石棉带、石棉布和滤布等；若纤维较短或呈粉状可用于制作石棉水泥制品、石棉保温材料和绝缘材料等。

石棉作为一种廉价轻便又容易获得的工业原料，能提高建筑物的牢固度，并且具有保温和阻燃的作用。一直被世界各国的建筑行业广泛使用。1980 年，世界卫生组织就确认石棉是一种致癌物质。但警告归警告，直到 1995 年，最容易致癌的青石棉和棕石棉才被禁止使用。而致癌性质较弱的白石棉则直到 2005 年才被列入黑名单。尽管如此，由于找不到更合适的替代材料，石棉仍在机器的垫圈、配电盘的绝缘材料等处使用。一些健康专家预计，因石棉导致的癌症大潮还没有正式到来。英国《卫报》曾在 2006 年 7 月 27 日报道石棉已经成为损害日本国民健康的一枚重型"定时炸弹"。

由石棉引起的疾病目前无药可治。病症可分为四类：石棉肺、肺癌、间皮瘤、消化系统癌症。使用石棉材料装饰室内时，材料长期磨损、机械振动及损伤、老化等都可造成室内石棉浓度增高。石棉纤维也可以工作服和其他物品为媒介进入室内造成室内污染。

另外，有资料显示，在通风不良的情况下，室内装饰装修污染会引起不良建筑综合征（sick building syndromes，SBS），其主要表现为眼、鼻、咽和皮肤有刺激感，以及咳嗽、胸闷、疲劳、头痛等非特异症状。

通过上述的介绍，希望大家能够了解装饰装修过程中可能产生的有害化学污染物对人体健康的危害，加强自我保护，避免因化学污染造成伤害。

预防煤气中毒

从我国能源结构看，2020 年煤炭占我国一次性能源消费的比例约为 56.8%。我国是煤炭生产和消费大国，煤矿的瓦斯爆炸造成矿工伤亡的事故偶有发生。在人们日常生活中，煤、煤气、液化石油气、天然气、汽油等的不完全燃烧产生的一氧化碳及其他有害的物质，严重地威胁着人们的健康。

2016 年 1 月，广州气温急剧下降，许多外来务工人员洗澡时紧关门窗，造成多人因煤气中毒而死亡。这为少数在使用煤气炉具时安全意识不强的群众敲响了警钟。

夏季气温高，司机为了降温，将汽车内的空调开启，又为了防止冷气流失，将门窗关得严严的，这时若在车内睡觉，就可能因汽车废气中的一氧化碳扩散到车内，造成司机中毒甚至死亡。

一、造成煤气中毒的原因

一氧化碳是有毒的气体，它主要作用于人体的血液系统和神经系统。它随着空气进入人体后，通过肺泡进入血液循环系统，在血液中与血红蛋白结合，形成碳氧血红蛋白，破坏血红蛋白结合氧和输送氧的能力，造成心肌摄取氧的能力降低，并促使某些细胞内氧化酶停止活动。同时，大脑是人体耗氧最多的器官，也是对缺氧最敏感的器官，当一氧化碳进入人体后，大脑皮层受到伤害，会出现头痛、头晕、记忆力降低等神经衰弱症状。

　　一氧化碳对人体的危害主要取决于空气中一氧化碳浓度和接触的时间。一氧化碳浓度越高，接触时间越长，血液中的碳氧血红蛋白含量就越高，中毒就越严重。根据临床表现，一氧化碳急性中毒可分为三级：（1）轻度中毒，患者表现为头痛、眩晕、耳鸣、眼花、颈部压迫及搏动感，并有恶心、呕吐等症状。（2）中度中毒，除轻度中毒症状外，患者还会出现多汗、烦躁、步态不稳、皮肤黏膜樱红、意识模糊等症状，甚至会陷入昏迷。（3）重度中毒，除中度中毒症状外，患者均会陷入不同程度的昏迷，昏迷可持续10多个小时，甚至几天。皮肤黏膜由樱红色转为苍白或者出现发绀等症状。

二、预防煤气中毒的措施

1. 室内取暖

　　我国北方冬季比较寒冷，在采暖季节，首先要选好煤炉，劣质的煤炉在使用过程中到处漏气，使一氧化碳有害气体弥漫在室内，危害群众生命健康。因此我们要选用符合国家标准的炉具，保障自己的健康。其次要选好烟筒（注：使用旧烟筒时要检查是否有沙眼）。安装烟筒时，一定要顺茬，千万不要逆茬，防止烟气扩散至室内。再次要经常打扫烟筒内的灰尘，烧蜂窝煤灰尘少一些，要求冬季至少打扫1次烟筒；烧煤块灰尘比较多，容易堵塞，根据煤质不同，要求冬季至少打扫2次。

　　同时，加强室内通风是预防煤气中毒的关键。室内要安装风斗（利用热气与冷气交换的原理）。冬季多刮西北风，因此在烟筒出口需安一个拐脖或三通，防止烟气倒流引起煤气中毒。晚上封火时，要使用干透的蜂窝煤，切不可用潮湿的煤以防不完全燃烧产生一氧化碳造成煤气中毒。

2. 燃气热水器

目前，市场上销售的热水器主要分为两大类，一类是电热水器，另一类是燃气热水器。使用热水器造成的死亡事故主要是由直排式燃气热水器引起的，这种热水器使用的燃料为煤气、液化石油气、天然气等，这些燃料不完全燃烧时，会产生大量的一氧化碳等有毒气体，当空气中含氧量降至 6% 以下时，只需 8 分钟人就会窒息死亡；当一氧化碳体积分数超过 0.05% 时，很容易发生一氧化碳中毒。

为了保证使用者的人身安全，在使用燃气热水器时，必须做到燃气热水器与洗浴空间分开，如将燃气热水器安装在厨房内，通过管道向安装在卫生间内的洗浴喷头输送热水。厨房内的窗户要打开，注意通风换气。另外，热水器的燃烧孔长期使用不及时清理会造成积炭，影响燃烧的效果（出现黄色的火焰），而燃烧不充分，会加剧一氧化碳的产生。

鉴于卫生间一般比较狭小，洗浴室一定要注意通风，即门窗可以适当打开一点，洗浴时间不宜过长，尤其是老年人，更应防止空间内氧气不足晕倒在浴室。老人洗浴时，家中需有人照顾。

3. 轿车空调

夏季天气炎热，尤其是我国南方地区，司机在开车过程中，往往会开空调乘凉，这一般不会出现问题。但是长时间停车开空调且在车内睡觉，有可能造成司机伤亡。车内空间狭小，紧闭门窗会导致空气不流通，如有几人同时在车内休息，人吸入氧气呼出二氧化碳，车内的空气将变得污浊，加上空调在制冷过程中产生的一氧化碳、碳氢化合物等汽车废气可能在车内扩散，易造成一氧化碳中毒。因此，司机停车时车内开空调的时间不宜过长，更不能在车内开着空调睡觉。

4. 涮火锅

我国很多北方地区的餐馆的菜单上都有火锅这一美食，但若火锅使用特质小煤球（易点燃）、木炭、液化石油气等作燃料，就可能因这些燃料不完全燃烧产生的一氧化碳气体弥漫在房间里，发生煤气中毒。一氧化碳在空气中很稳定，如果室内通风差，一氧化碳气体会长时间滞留在室内。餐馆内的顾客多，如出现一氧化碳群体中毒事件将产生严重后果，因此，要加强室内通风。若使用电加热火锅相对比较安全，但是要注意防止漏电,火锅不得烧干。

　　总之,尽管冬季预防煤气中毒已是老生常谈,但是人们一点儿也不能大意,忽视了安全就会带来灾难。因此同事之间,邻里之间应相互提醒、照顾,避免煤气中毒事故的发生,安全过冬。

冬季采暖期室内的卫生与安全

通常北京每年的 11 月 15 日至来年的 3 月 15 日为冬季采暖期。而我国东北、西北地区以及华北地区的内蒙古等地由于气候比较严寒，因此采暖期比较长。由于室内外温差比较大，人们为了保暖，常常把门窗关得严严的，这样便造成室内空气不流通，空气质量相对较差。我国《室内空气质量标准》（GB/T 18883—2002）规定如下：①室内温度。夏季空调间为 22~28℃；冬季采暖期为 16~24℃。②相对湿度。夏季空调间为 40%~80%；冬季采暖期为 30%~60%。③空气流速。夏季空调间为 0.3 m/s；冬季采暖期为 0.2 m/s。

由于我国地域辽阔，南北气候不同，人们的需求不同，因此采暖的方式也有所不同。

一、煤炉采暖

预防煤气中毒的相关问题已在前文叙述，此处不再赘述。

二、电采暖

电采暖，即人们使用电炉子、电加热器、空调（制热模式）等取暖。使用电采暖，室内比较清洁，需要注意的是防止电器漏电，尤其是防止儿童触摸电器造成的伤害。有的老旧楼房或平房用电量过大，电路超负荷运转造成小区停电等现象时有发生，这时需电力部门增容，保证居民正常用电安全。同时，要检查电线是否老化，以防发生火灾。

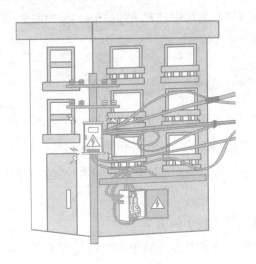

另外，有个别居民冬季为方便取暖，私拉电线，违规使用电炉及其他电气设备等，这些都是易引发火灾的危险行为。为保证用电安全，冬季应规范使用电采暖器。

三、燃气壁挂炉采暖

近年来，许多居民都开始使用燃气壁挂炉取暖。其优点是可以随时开关，自由调整采暖时间和室内温度，可满足不同个体的需求。但小户型房屋建筑面积比较小，使用燃气壁挂炉不利于烟气的扩散，尤其是高层建筑。有测试数据显示，壁挂炉燃烧时排放的烟气中一氧化碳含量为 20.78 mg/m^3。我国《环境空气质量标准》（GB 3095—2012）规定一氧化碳 1 小时均值为 10 mg/m^3，壁挂炉排放的一氧化碳浓度较高，可能污染室内环境。

另外，燃气壁挂炉需要定期维修，价格不菲。因此，专家建议，在居民较为集中且有条件的地区集中供暖，取消燃气壁挂炉取暖。

四、集中供暖

在我国冬季采暖期，北方地区集中供暖的占绝大多数。集中供暖大多使用锅炉，其燃料有煤、天然气、石油等，锅炉将水烧热并通过管道将热水输送到千家万户。家庭中常见的取暖方式如下。

1. 暖气片（管）供暖

这种供暖方式是在家庭中安装暖气片（管），热量由此向室内空气中扩散，达到采暖的目的。若暖气过热，室内温度高、空气干燥，会给人造成不适感，使人烦躁不安，此时应该给室内空气中增加湿度，如在暖气上放一个盛水的小水槽，利用暖气将水槽内的水加热，产生水蒸气，调节室内空气中的湿度；也可以在暖气旁放一盆水，同样能起到加湿作用。

有条件的家庭可购买加湿器，保持室内湿度，增加居室舒适度。

2. 地热供暖

我国一直致力于开发利用太阳能、风能、水能、地热能等清洁能源，节能减排，减少碳排放量，保护地球生态环境。其中，利用地热资源采暖就是一项前景较好的应用。

　　有的开发商将地下热水直接通入铺设于室内地板下的水管散热网络中采暖，这样，既可以增加室内的使用面积，又可以使室内温度均匀。

　　对于老年人和婴幼儿来说，在暖融融的房间过冬不易患病。需要注意的是，由于地下热气的传导作用，第二天早上起床，人们会发现桌面上、电视机的外壳上、地面上等处都会有一层灰尘。因此，采暖期必须勤打扫、擦洗，地板（或瓷砖）要用半干半湿的拖把清洁，保持室内环境的卫生。

　　总之，人们不论采用何种冬季采暖的方式，都要加强室内通风，保持室内空气清新，使自己生活在舒适的环境中。

可怕的沙尘暴

//////////////

沙尘暴是怎么来的

当人们打开地图或使用地球仪时，就会看到大片蓝色的海洋，海洋面积占全球的 70.8%，陆地面积仅占 29.2%。但是这29.2% 的陆地面积并非都适合人类的生存。其中还有近三分之一的沙漠是人类无法生存的地区。

沙漠存在于世界各个角落，大部分是自然形成的。但是人类不合理的农耕和过度放牧，也加速着土地的荒漠化。我国是世界上荒漠化面积最大、受影响人口最多、风沙危害最严重的国家之一。长期以来，我国不断强化荒漠化、石漠化防治工作。荒漠化、沙化土地以年均 2 424 km^2、1 980 km^2 的速度持续缩减。

以前，每年春季，"沙尘暴"都会袭击我国北方城市，并逐渐向南方地区扩散。据报道，这些沙尘物质主要来自蒙古国等周边国家的沙漠地区以及我国内蒙古、新疆等地的沙漠带，干旱的耕地、各地区大面积的建筑工地。在狂风的推动下，沙丘曾逼近至距北京城郊几十千米处，严重威胁着北京生态环境。

风沙中的沙尘，包括许多大沙粒，受重力的影响直接落在地面、房顶及汽车上，出现厚厚的一片黄沙。还有一些悬浮颗粒物及可吸入颗粒物，飘在空中严重影响环境空气质量。大规模的建筑施工，若遇不利天气条件且不进行合理苫盖、不严格实施除尘措施，也会产生局部地区的沙尘天气。

沙尘暴在一些距沙漠较近的城市最为严重，一些城市经历沙尘暴时一片昏暗，要开启照明灯才能勉强视物。有的地区下起"黑雨"，能见度极低，环境空气质量急剧下降。

沙尘暴给健康带来哪些威胁

沙尘中会包含可吸入颗粒物。经多年的实验证明，可吸入颗粒物占总悬浮颗粒物的 70%～80%。可吸入颗粒物可以多种不同的方式对人体造成危害。沙尘天气可使哮喘病人病情加重，让对灰尘过敏人群备受煎熬，特别是对老人、儿童及患心肺疾病的人群而言，沙尘暴危害更大。沙尘在狂风的带动下，可毁坏建筑物。沙尘天气易发生交通事故，沙尘暴还会给农作物的生产带来损失。

如何防范沙尘暴给人类带来的危害

从宏观方面讲，为了保护人类赖以生存的地球，首先要大力开展绿化工程。除植树节外，利用节假日，组织志愿者到荒山荒地种植树木。在家庭庭院的周边种花种草。在沙漠地区周边，种植防护林和植被，有效防风固沙。绿色植物具有吸附和过滤沙尘、防止水土流失、调节气候、控制气温的作用。植树造林，可以有效解决荒漠化问题。据报道，从北京开车出发约

1 小时就可到达被称为"天漠"的沙漠。该沙漠位于河北省怀来县小南辛堡镇西南的龙宝山。天漠、八达岭长城和康西草原连成一线。虽然面积只有 1 300 多亩 ①，但等同于使北京直面沙漠环境，严重地影响北京市的空气质量。

当地政府为防沙治沙，从 2004 年开始正式启动了植树造林工程。在此过程中，北京市民一同参与种树活动，经过 10 年的努力，截至 2014 年，在这里种植了 200 万棵树木。形成一条长 8 km，面积达 20 000 多亩的防风沙林带，是一道"绿色屏障"，有效地减少了沙漠给当地居民带来的影响，同时也让当地的土地资源得到更好的利用。由于昼夜温差大，沙质土壤不仅适合种植苹果、葡萄，更适合梨、枣等水果的种植。

沙尘天气给人类带来的灾难说明，人类生存的家园已遭到严重的破坏，因此全世界人民应共同努力，保护好我们的家园。

---

① 1 亩 =0.066 7 hm²

汽车废气污染大气环境不容小觑

汽车作为交通工具给人们通勤、旅游等带来极大的方便，许多人都希望拥有自己的爱车。然而，汽车排出的废气严重地污染着大气环境，并给人类的健康带来危害，甚至影响着全球的气候变化。

一、全世界汽车保有量

汽车工业已成为世界许多国家和地区经济发展的支柱产业。国家统计局 2022 年发布的《中华人民共和国 2021 年国民经济和社会发展统计公报》显示，2021 年末全国民用汽车保有量为 30 151 万辆，其中私人汽车保有量为 26 246 万辆。

二、汽车废气

汽车废气大致有三类排出物：①排气管排出物（约占总排出物的 65%）；②曲轴箱排出物（约占总排出物的 20%）；③燃料燃烧系统、油箱、气化器的排出物（约占总排出物的 15%）。

三、汽车废气颗粒物

不大于 10 μm 的可吸入颗粒物在汽车废气中所占比例相

当高，其中可吸入肺泡的直径小于 2.5 μm 的细颗粒物对人体危害相当大。

分析不同粒径微粒组合可知，颗粒物粒径越小，所吸附的多环芳烃和杂环化合物越多，对人体健康影响越大。选择有代表性的柴油机排出物样品，在气相色谱－质谱仪上进行颗粒物提取物组分分析，共检出 100 多种化学物质。其中，粒径小于或等于 1.1 μm 的颗粒物中共检出 94 种物质，粒径为 1.1～2.0 μm 的颗粒物中检出 46 种物质。

四、汽油车、柴油车废气对人体健康的危害

石油可提炼出航空汽油、汽油、柴油、煤油、润滑油等不同产品。其中，机动车按燃油类型一般分为汽油车（包括助动车、摩托车）和柴油车等。机动车排出物包括气体和颗粒物两类。汽油车排出物以气体为主，颗粒物相对较少。柴油车排出物以颗粒物为主，颗粒物排出量是汽油车的 20～100 倍。助动车虽然使用汽油作为燃料，但由于发动机容积小且构造简单，排出物中也含有大量颗粒物。

汽油废气包括一氧化碳、碳氢化合物、氮氧化合物等。

柴油废气主要成分为一氧化碳、氮氧化物、碳氢化合物、醛类化合物、油烟等。

（1）一氧化碳（CO）是空气供应不足或喷出的汽油油滴太大等造成的燃料不完全燃烧产生的。一氧化碳与人体的血红蛋白（Hb）结合，形成的碳氧血红蛋白（COHb）使血液丧失运输氧气的功能。这种毒性作用取决于一氧化碳的浓度和与一

氧化碳接触的时间。当血液内生成大于或等于 2% 的碳氧血红蛋白时，一氧化碳的浓度为 24.95 mg/m³，此时神经系统将产生变化。

在大气中，当一氧化碳浓度增高，人体碳氧血红蛋白含量接近 5% 时，人类视觉器官和听觉器官细微功能发生障碍，冠状动脉流量显著增加。当碳氧血红蛋白达到 10% 时，冠状动脉血流量可增加 25%。因此动脉硬化者更易发生一氧化碳中毒造成的心脏损伤。

（2）氮氧化物（NO_x）包括一氧化氮、二氧化氮等。若大气中二氧化氮的质量浓度为 117～205 μg/m³，持续 2～3 年，则急性呼吸道患病率增加，对婴幼儿和学前儿童作用尤其明显。当二氧化氮质量浓度达到 225 μg/m³ 时，会对人的嗅觉产生影响。二氧化氮浓度越高，接触的时间越长，心脏、肺功能受危害越严重。

（3）碳氢化合物是汽油车和柴油车的废气中均含有的物质，机动车废气中包含的多环芳烃致癌物均属此类。

（4）醛类化合物，以甲醛、丙醛、丙烯醛为主。

（5）油烟，由于燃料燃烧不完全，机动车可排出大量的黑烟、油雾、碳粒等。而一些高沸点的杂环化合物和芳香烃类物质是对人体危害较大的致癌物，如苯并［a］芘等。此外，柴油若含硫，燃烧时可产生二氧化硫和三氧化硫。

五、汽车"革命"

自 1886 年在德国诞生了世界第一辆汽车以来，汽车至今已有 100 多年的历史。20 世纪四五十年代，由于汽车多、废气多，造成了洛杉矶光化学烟雾事件（几百人死亡），那时在美国汽车废气对大气污染的贡献率约占 60%，后来光化学烟雾污染在世界各地时有发生。

当前，一些国家对燃油汽车实施了限行、禁行等措施。说明各国政府、环保人士已认识到只有彻底改造燃油汽车或开发新能源汽车，才能解决各国的环境污染问题。

（1）锂离子电池、石墨烯基锂离子电池

目前，中国出口到日本、沙特阿拉伯、智利等国的大型旅游车，以及北京部分公交车已使用锂离子电池。锂离子电池与传统的铅酸电池相比更高效、更安全、更环保。

石墨烯是一种以石墨为原料的纳米材料，具有高导电、高强度、高耐热、高比表面积等特点。石墨烯基锂离子电池一经面世就使电池容量增加了 1.5 倍，充电时间缩短至几十分钟，甚至可以缩短至几秒。

（2）氢燃料电池

美国科学家保罗·霍根等在《自然资本论》一书中预言，下一次工业革命将由应用氢能源开始。世界各国的科学家都在寻找一种既清洁又无污染的能源，而氢燃料正是科学家看好的理想能源之一。目前，各国汽车制造厂都在加紧研制以氢为能源的燃料电池。这种电池不会产生能引起温室效应的化学物质，也不会引起酸雨或制造烟雾。

氢燃料电池车和锂离子电池车都属于新能源汽车。从技术特点及发展趋势看，锂离子电池更适用于在城市中短途行驶的车辆，而氢燃料电池更适合为长途行驶的大型载客商用汽车提供能源。

英国《金融时报》曾报道，英国计划于2030年前使氢燃料电池汽车保有量达到160万辆。同时，世界上不少国家和地区已为实现节约能源的目标行动起来。

中国氢能源应用广泛，是全球氢能源大国，在氢燃料电池汽车方面开展了大量技术攻关和产业化应用研究。预计2030年，中国有望成为全球最大的氢燃料电池汽车市场。

除上述两种新能源汽车外，以生物燃料作为能源的汽车及混合动力汽车也得到了大力推广。这些新技术为解决燃油汽车的污染问题提供了更多选择，除此之外，我们也可以从自身做起，出行多搭乘公共交通工具，短距离出行骑自行车或步行，以身作则减少汽车废气污染，实现低碳出行、绿色出行，保护我们的生态环境。

"厕所革命"，健康中国

一、厕所卫生问题

人基本每天都要去厕所，厕所的卫生与人体健康息息相关。

20世纪五六十年代，老北京的独院或"大杂院"都有1个简易的厕所，在院内僻静处挖1个坑，上面搭2块板，四周用木板围挡一下就是厕所。冬季四面透风，夏季下雨如厕还得打伞，饱受蚊虫之扰。当坑满，为了避免污物四处流淌，得赶紧打电话请淘粪工人淘粪。淘粪工人作业环境差，工作十分辛苦。

那时农村的厕所就更简陋了。在农村小院的角落上挖1个坑，视家中人口多少选一个大小合适的水缸埋进地里，上面搭2块木板或石板，周围用树枝或者玉米秸秆一围便是厕所，条件好些的家庭，会盖上一间木板房当作厕所，可挡风避雨。

那时一些城市中，家里没有厕所，每户人家都备便桶。清晨，工人拉着收粪车，走街串巷收集粪便，这时家家户户走出家门倾倒粪便，顺便在街道两旁冲洗便桶，整条街臭气熏天。

随着城市的建设、爱国卫生运动的深入开展，人们的公共卫生意识增强，上述落后、陈旧的厕所全部被淘汰。政府出资在胡同内和街道上建造公共厕所（以下简称公厕）。那时的公厕也比较简单，以水泥制作的预制板作为地板，上面设有几个坑位，再安装 1 个水泥坐便，供老人和残疾人使用，但这些厕所均为旱厕，由专职的环卫工人清扫。粪便流入化粪池中，定期由专用拉粪车清理。

改革开放后，来中国的游客猛增，传统厕所已经不适应旅游业的需求，因此，首先改造升级的就是旅游景点的公厕。我国制定了《城市公共厕所卫生标准》（GB/T 17217—1998），推动了卫生基础设施建设。

对于一个现代化城市，公厕是城市的门面。在卫生城市的创建过程中，公厕是重要指标。因此各个城市都在进行公厕升级改造，北京西城区提升改造二类公厕后，所有二类以上厕所都加装了烘手器、电暖器、新风除臭系统。三类公厕经改造，厕所内的蹲坑和坐便器由原来的水泥材质改为用不锈钢板压制成型，具有干净、整洁、易清洗、耐腐蚀等优点，地面铺上了地砖，还有的厕所装上了洁白的陶瓷蹲池和坐便器，厕所一般均设有残疾人通道，还在坐便器旁边设有不锈钢扶手等无障碍设施。北京打造了精品厕所、智能公厕，还在人流密集地区的公厕增加了女厕位。另外，北京餐饮企业厕所有望对公众开放。

以北京市为例，市政府投入了大量资金大力改善卫生环境，在公厕加装通风除臭系统，完成服务品质的提升改造。北京市曾开展公厕普查，截至 2017 年，东城、西城两个区共有 2 297 座公厕，朝阳、海淀两个区共有 3 000 余座公厕，另外，北京市完善了基础数据库，形成的电子地图信息方便群众使用。北京市还在东城区开展平房区街巷胡同公厕改革试点，在海淀区高新技术产业园试点建智能公厕等。

二、"厕所革命"

进行"厕所革命"是习近平总书记的重要指示，这不仅是对几千年生活方式的一场革命，也是生态环境意识的进步和文明程度的提升。近年来，在习近平总书记高度重视和关心下，"厕所革命"从城市到农村快速推进，全国各级政府从改水改厕到粪便无害化处理，一直在努力改善人民的居住环境。

广大农村居民的户厕和公厕正在升级改造，同时国家也制定了《农村户厕卫生规范》（GB 19379—2012），该标准规定了对户厕（附建式户厕、独立式户厕）与粪便处理的卫生要求。

户厕：供家庭成员大小便使用的场所，由厕屋、便器、储粪池等组成。户厕分为附建式户厕与独立式户厕，建在住宅内为附建式户厕，建在住宅等生活用房外为独立式户厕。

无害化卫生厕所：按照规范要求，使用时具备有效降低粪便中生物性致病因子传染性设施的卫生厕所，即无害化卫生厕所，无害化卫生厕所包括三格化粪池厕所、双瓮漏斗式厕所、三联通

沼气池式厕所、粪尿分集式厕所、双坑交替式厕所和具有完整上下管道系统及污水处理设施的水冲式厕所。

目前，中国农村厕所改造的趋势是建设无害化卫生厕所。当发生自然灾害（如地震、水灾等）时，卫生防疫人员进驻灾区的首要任务就是管控水源和厕所的粪便。如果灾民用了被厕所粪便污染的水，就可能暴发大规模的传染性疾病，造成灾民死亡和财产损失。这种例子在中国历史上并不少见。因此，推广无害化卫生厕所，可以使粪便中的寄生虫和致病微生物得到有效的灭活处理，杜绝传染病的发生。

三、人的粪便可以传播哪些疾病

人的粪便可以传播很多疾病：肠道性的传染病如霍乱、病毒性肝炎（甲型肝炎、戊型肝炎）、细菌性痢疾、阿米巴痢疾、伤寒和副伤寒、脊髓灰质炎；各种感染性腹泻如病毒性肠胃炎、旅游腹泻病等（致病性大肠埃希菌 O157：H7 引起的腹泻就是一种病死率很高的肠道传染病，已经引起世界各国人民的警惕）；另外，粪便还能引起寄生虫疾病、病毒性肠炎（如轮状病毒肠炎等）、结核及其他未发现的传染病等。如今，全球还有很多人无法用上安全卫生的厕所，每年有许多儿童死于不安全的饮用水和恶劣如厕环境导致的腹泻。

在新一轮"厕所革命"中，技术创新将发挥关键作用，不少地方的厕所正向生态化、低碳化、智能化方向发展。改造农村厕所，可以改善农村环境面貌，提高农民生活质量，保护生态环境，对消除四害滋生地，阻断传染病传播具有重大意义。

垃圾分类回收的安全与卫生

一、垃圾八成是"宝贝"

20世纪五六十年代，北京广安门地区有一家有色金属冶炼厂，那时，工厂将北京市回收的废品加以处理。如回收的废旧干电池用土法处理，将电池用石磨碾碎，再将铜、锌、炭黑、电解质筛选后分类回收。回收的废牙膏皮、废铝制成铝饼，用于炼钢。那时，此类工厂生产十分繁忙，虽然处理可回收废物的方法不够卫生环保，但为当时北京市垃圾的消纳（减量）做出了巨大的贡献。

纸制品的回收。北京市大街小巷的废纸由一批批废品收购人员负责回收，他们将这些废纸销往造纸厂，先将其浸泡成纸浆，经消毒、漂白处理制成市售的卫生纸、餐巾纸、再生复印纸等，每回收1 500 t废纸，可少砍伐生产1 200 t纸的木材。另外，每年到了暑假，高校毕业生离校，他们将读了4年的教科书、参考资料等以低价出售或赠送给低年级学生或新生。这样既为学弟学妹节约了购书费用，又使资源循环再利用，应大力提倡。

塑料制品的回收。这些被回收的塑料瓶、塑料盆等，经清洗、消毒、烘干，粉碎成颗粒状，然后通过塑压机制作再生塑料制品，如雨鞋、雨衣、塑料鞋底等。

易拉罐的回收。在生活中有很多变废为宝的小技巧，如就有手巧的手艺人，将废旧易拉罐制成工艺品出售。1 t易拉罐熔化后能结成1 t高品质的铝块，可少采200 t铝矿。

废旧轮胎的回收。为了司机和乘客的安全，一般汽车行驶3万～5万km就需要更换轮胎，随着汽车数量的增加，近年来报废轮胎数量惊人。废旧轮胎由不溶或者难溶的高分子弹性材料制成，越来越多的废旧轮胎堆积如山，占用了大量土地，造成了环境污染。科研人员为了将废旧轮胎变废为宝，将其制成再生橡胶粉用于生产再生橡胶和改性沥青。

20世纪五六十年代，北京就实施过部分垃圾的分类。那时居民多住在低矮的平房，冬季采暖使用煤球或蜂窝煤，为了方便居民用煤，煤厂就建在居民区中，当时规定废渣废灰应与生活垃圾分开放置。每天晚上，收垃圾的工人走街串巷，一车装废煤渣，另一车装其他生活垃圾。回收的煤渣经筛选处理后，添加一些其他材料，制成了空心砖，用于建设北京。那时北京大部分家庭使用小煤炉，回收的渣土量相当大。随着城市建设速度的加快，高楼拔地而起，烧蜂窝煤成为儿时的回忆，现在北京主城区已全部完成煤改电供暖。

其他废弃家用电器，如废旧电视机、废旧洗衣机、废旧空调机等都由专业工厂回收。垃圾回收是一个系统工程，需要生产厂家、用户等共同参与。

二、我国垃圾分类

我国人口众多，各地经济、社会发展的类型和水平差异显著。所以各地往往根据当地实际情况制定相应的垃圾分类与处理政策，但应注意与国家的法律法规同步。

目前，各垃圾分类政策多已明确，但在执行过程中，还要不断完善。例如，某小区，每两栋楼（每栋6层）之间有4对垃圾箱，垃圾箱印有"可回收物"和"其他垃圾"字样。实际上可回收的垃圾，包括废旧报纸杂志、塑料制品、纸箱等，早就卖给了废品回收人员。因而，往往出现其他垃圾箱已装满，但可回收垃圾箱还尚有余量的现象。于是，有些居民就将无处可放的不可回收垃圾装入可回收物垃圾箱内，给垃圾回收工作造成了许多困难。

有害垃圾的垃圾箱设置较少，若不告知人们现有有毒有害垃圾箱位置，人们不知往何处扔，有的干脆就扔到其他垃圾中污染环境。

总之，垃圾分类是一项系统工程，涉及面广，因此需要全民积极参与完成这一利国利民的大事。另外，在回收过程中还要注意卫生与安全。

三、垃圾无害化自行消纳处理法

垃圾可采用填埋、焚烧、回收利用等方法进行处理。下面介绍两种垃圾变废为宝的方法。

（1）用黑水虻处理垃圾

有一种以厨余垃圾及禽畜粪便为食的小虫叫黑水虻，它是人类的好帮手。据报道，这种小虫是一个"大胃王"，一天能吃掉 260 t 厨余垃圾。它的幼虫有点像超大的米虫，一旦长出翅膀变成成虫，便长得和苍蝇有点儿像，不过它从不"扰民"，也不会传播疾病。幼虫时，爱吃油腻的厨余垃圾和臭烘烘的禽畜粪便。其排泄物是上好的有机肥料，烘干后的虫子还是一种高蛋白的宠物饲料，深加工后还能制作保健品、化妆品及医疗用品。

2017 年，一座培育黑水虻的工厂在河北大厂落成。虫卵经过 3~4 天孵化后，幼虫可 24 小时不停地进食由厨余垃圾制成的饵料。每天，北京东城区产生的厨余垃圾源源不断地作为虫子饲料运进工厂，达到工厂的最大日处理量时，每天只靠黑水虻就能"吞食"掉东城区产生的所有厨余垃圾。

（2）用家蝇处理垃圾

苍蝇是一种害虫，还会传播各种病菌。但是在日本有一家科技公司本着"苍蝇也能拯救世界"的理念。运用科技手段让这种昆虫造福于人类。

据联合国推测，2050 年，世界人口将从 2019 年的 77 亿人增加到 97 亿人，至 2100 年将增加到 100 亿人，特别是撒哈拉以南的非洲贫困国家，人口到 2050 年预计将翻一番。随着人口的增加，产生的垃圾也会增加。人们开始通过技术手段，有效利用昆虫来缓解垃圾增加这一问题。该日本科技公司根据苏联科学家的研究，繁殖出了一个更优越的家蝇品种。它生长速度快、生命力强，一次可产下大量的卵。通常，畜禽粪便堆肥需要花费几个月的时间，但在新技术之下，仅仅一周就可以被转化为肥料和饲料。该日本科技公司负责人希望利用这些昆虫消除人口增加产生的粮食、垃圾等一系列危机。

　　另外，国内也有此类苍蝇工厂。其利用苍蝇的卵孵出的蛆制作高蛋白的饲料。这种饲料营养丰富，可减少养殖业粮食需求，部分缓解人类粮食危机。尽管苍蝇是"四害之一"，但科学利用苍蝇也能造福于民。

宠物与疾病

现在饲养宠物的人越来越多。虽然宠物可以给人们带来欢乐，但是人畜共患病也可能给人们带来健康风险。

北京 2004 年注册登记的狗有 42 万只，2008 年突破 70 万只，有人估算，除登记的犬只，拆迁后被遗弃的狗和没有注册登记的狗还约有 168 万只。2013 年注册登记的狗近 100 万只。《2021 年中国宠物行业白皮书》显示，2021 年中国城镇家庭中，宠物猫数量为 5 806 万只，狗的数量为 5 429 万只。

宠物增多的原因，一是人民生活水平的提高，二是人口老龄化。离退休后，有些老人替儿女照看孙辈，有些老人参加书法、绘画班，去公园参与唱歌、跳舞等活动。另外，还有些老人开始饲养宠物。因为子女长大成人，在社会上打拼，没有过多的时间陪伴老人，而老人又不愿意麻烦子女，这样宠物就进入了家庭，并成为家庭的成员。老人以宠物为伴，宠物给老人带来欢乐。但饲养宠物要注意预防人畜共患病。

目前，世界上已发现了许多人畜共患病。下面以狗、猫、鸟等为例加以介绍。

一、狗

因养狗引发的人畜共患病有几十种，其中对人类健康威胁极大的约有 10 种，包括狂犬病、巴斯德杆菌症、流产布鲁氏菌病、心丝虫病、皮肤霉菌病、放线菌病、隐球菌病、弯曲形杆菌病、钩端螺旋体病及野兔病等。其中，狂犬病在全世界最为流行，这种病为绝对死亡性疾病，死亡时极为痛苦，死亡率达 100%。

微生物学先驱、狂犬疫苗之父路易斯·巴斯德先生逝世 100 周年时，巴斯德梅里瓦基金会介绍了亚洲国家，包括中国、印度、巴基斯坦、孟加拉国等的狂犬病流行情况，亚洲每年死于狂犬病的人数高达 3 万，占全世界死于该病总人数（7 万人）的 43%。

由于对狗的监管力度有限，造成了诸多社会问题，如居民养狗扰民，狗在公共场所、街道两旁、绿地等处随意便溺，主人不做处理将严重污染环境。另外，狗咬伤人和咬死人的事故也时有发生。不管什么品种、体形的狗都可以传播狂犬病，若不给狗定期注射疫苗，狗易成为传播狂犬病的宿主。

除狂犬病外，还有一种危害较大的人畜共患病——棘球蚴病，又称包虫病。这种对人体的危害极大且难以治愈的疾病的传播途径如下：包虫的虫卵随狗的粪便排到体外，污染土壤、草地和水源，与被污染的土壤、草地接触，可能污染手部，如果不及时清洗再用手触碰食物，虫卵会随食物进入胃里。由于城镇居民养狗人数增多，患包虫病的人数也有所增加。如北京一位女士发现自家养的京巴犬的肛门外有像黄瓜籽一样的小虫子，经宠物医院检查就是包虫。

包虫成虫长 2～7 mm。寄生在猪、牛、狼、狗、狐等动物的小肠中，一只狗的小肠里可以寄生几千甚至上万条包虫，每条包虫产虫卵 50～800 个，虫卵可随狗的粪便排出。如果人误食这种虫卵，在胃液和肠液的作用下，卵壳被消化，卵里的小幼虫就会钻进肠壁的血管中，随血液进入人体各器官，然后慢慢长大形成包虫，包虫呈球形，有囊壁，囊内充满液体，数以万计的幼虫寄生在人体脏器中，将对人体构成危害。

综上所述，无论观赏狗还是看家护院的狗都必须定期注射疫苗，同时要加强狗舍的卫生管理（定时清扫、消毒等）。不要与狗过于亲密，防止疾病的发生。另外，饲养宠物要具备一定条件，即人们所说的"人有人居，狗有狗舍，鸡有鸡架，鸟有鸟笼"。在城镇改造中，许多住平房的居民迁进了楼房，有些居民弃养狗、猫造成了社会问题，而另一些居民将狗、猫一起迁入楼房之中，楼房内如何饲养这些宠物成为人们关注的话题。

二、猫

猫身上寄生的病菌和病毒，可以通过唾液和排泄物传播给人类。猫最容易罹患弓形虫病。微生物专家介绍，在我国已发现大量感染弓形虫病的患者。猫是弓形虫的终宿主，是传播此病的"祸首"。研究发现，一只受到感染的猫24小时可排出10万个弓形虫卵囊。猫排出的大量卵囊能长期保持活性，如食用沾上这些卵囊的食物，可使人的眼睛、耳朵、咽喉和内脏器官等发病。这种病对孕妇的危害更大，孕妇感染弓形虫病后，极易引起流产、早产或死胎，接近一半的婴儿可能出现耳聋、失明、畸形、智力降低等症状，甚至死亡。

据报道，在成都一家医院中，一位女士生下一个男婴。医护人员发现，新生儿腹部的皮肤被内脏胀破，结肠全部裸露并鼓出体外，肉眼甚至可见到肠子的蠕动。医生经对产妇的询问诊断，判断该女士患有一种对胎儿极其不利的弓形虫病。专家介绍，弓形虫病会侵犯人体各器官，严重的可致残甚至致死。这种病主要通过猫、狗等动物传播，其中以猫为主。猫还可以传播猫抓病，也称"猫抓热"，引起猫抓病的病原体为巴尔通体，约有10%的宠物猫及33%的流浪猫血液中携带巴尔通体。人们通常在被带病猫抓咬或者与猫密切接触后感染此病。人若感染猫抓病一般在3～7天后被抓咬处出现局部非化脓性炎症，如红斑或丘疹，继而出现头面部肉芽肿性和化脓性淋巴结病变，主要症状是低烧、寒战、全身无力、不适、厌食和呕吐等。

同时猫传染猫癣，猫癣是一种真菌引起的猫的常见皮肤病，其病菌顽固难治。目前发现的 5 种引起猫癣的真菌中，奥杜安小孢子菌很容易通过被污染的器皿传染给人。感染猫癣后轻者会感觉皮肤瘙痒、出现红疹，重者出现脱发和皮肤大面积的病变，导致渗出性化脓。《重庆晨报》报道，2021 年 5 月 1 日，一位小女孩从宠物店抱回的猫咪，养了不到十天，孩子就出现了严重的掉发。去医院检查，发现头皮感染了真菌头癣，感染部位要剃光头发才能涂药。

猫单纯感染猫癣后一般不会瘙痒，但是随着猫在家中玩耍、活动和主人爱抚，猫的毛和皮屑脱落，真菌孢子便会散落在家中各处。少数对真菌敏感的猫会产生瘙痒，在抓挠瘙痒处时皮屑会加快脱落，加速传播。人类接触这些动物或者接触这些动物所处的环境就可能被感染。

猫癣如果长在头皮上，就叫头癣，这种情况更容易发生在抵抗力较差的儿童身上，头癣除瘙痒外，还产生剧烈疼痛感，使儿童无法入睡，整夜啼哭。

三、鸟

据郑光美院士主编的《中国鸟类分类与分布名录》记载，中国已发现了超过 1 400 种鸟类，是世界上鸟类生物多样性较为丰富的国家。同时中国拥有许多珍贵、稀有且极富特色的鸟类。鸟类的品种繁多，许多有迁徙行为，可能传播致病的病毒、细菌、衣原体、支原体、真菌和寄生虫等。

在我国长三角地区，有数百年养鸟的传统，自宋朝以来，饲养并展示鸣禽在这里蔚然成风。南京约有 30 万人饲养绣眼鸟，这种鸟儿眼睛周围长着白色的羽毛，十分漂亮。以前各地的鸟市、活禽市场，生意十分火爆，吸引众人前去购买。2003 年 3 月出现重症急性呼吸综合征（SARS）疫情后，这些场所立即被关闭。鸟类除传播禽流感外，还带有鹦鹉病毒，当鸟类的粪便被踏碎后，病毒与病菌便飞扬在空气中，若人类长期吸入会诱发呼吸道黏膜充血、咳嗽、痰多、发烧等症状，严重者会出现肺炎和休克，这种鹦鹉病毒又名鸟疫，是由鹦鹉的衣原体引起的一种接触性传染病。此外，鸟类还可以引发过敏性疾病。

专家介绍，候鸟可能把未知病毒传播给家禽，并通过家禽影响人类。中国科学院微生物研究所的研究显示，H7N9 病毒是由野鸟中的禽流感病毒与家禽中的禽流感病毒进行一次基因重配后出现的。中国疾病预防控制中心的专家提示，当秋、冬季节流感病毒活跃期到来时，人感染禽流感疫情也有可能出现。调查发现，接触禽类后用肥皂或洗手液洗手，能有效预防禽流感。

为了减少人感染禽流感的风险，联合国粮农组织提出的防范措施如下。

（1）将所有鸟类和牲畜与人类生活区分开至关重要，密切接触患病动物将使人面临感染禽流感的风险。

（2）使野生鸟类远离家禽和其他动物，并将不同种类的家禽和牲畜分类圈养。

（3）及时向防疫部门汇报病死家禽、家畜的情况，报告禽畜不明原因的死亡十分重要，对防范病毒扩散有帮助。

（4）勤洗手，特别是接触家禽、烹调家禽后更要做到这一点。

（5）食用经过充分加热的肉制品。

（6）不食用、转让或出售病死禽畜，病死禽畜也绝不能用作其他动物的饲料。

（7）如果在接触禽畜之后出现发热等症状，应立即寻求医生帮助。

（8）如果证实病毒在动物中传播，应通过人道方式进行选择性的捕杀，并给予适当的补偿。

四、其他宠物

有些宠物爱好者什么都想养，如蛇、蝎子、蜘蛛、蜥蜴、乌龟、猴子等（专业养殖除外）。有些爬行动物毒性很强，稍不注意，就会带来生命危险。野生动物受到国家保护，大家要遵守国家法律文明饲养宠物。

微生物专家告诫人们，要科学地饲养宠物，要了解宠物的生活习性，加强对环境、食品、个人卫生等的关注。体弱多病、免疫力差的人和孕妇要远离宠物，饲养宠物首先要确保人的健康，防止发生人畜共患病，要慎养宠物。对于喜欢小动物但免疫力较弱的儿童，家长可以利用节假日带他们去动物园或者自然博物馆参观，同时，儿童可以通过阅读关于动物的书籍、画报了解动物的栖息地与它们的生活习惯。这样，就可以避免与宠物直接接触引发的人畜共患病。

第二章

化学物质与人体健康

氟与人体健康

一、氟对人体健康的影响

氟是人体必需的元素之一，对人体起着重要的作用，日常饮水、食物中都含有微量的氟。1802 年，科学家就用气体氟做过动物实验，但直到在人的牙齿珐琅质、血液、乳汁特别是脑组织中都发现了氟，人们才开始重视氟的生理作用。

氟对人体的影响随着摄入量而改变。当缺乏氟时，动物和儿童龋齿发病率升高，摄入适量的氟可预防龋齿，有益于儿童生长发育，可以预防老年人骨质疏松。氟过量影响细胞酶系统功能，破坏钙磷代谢平衡。

我国某些地区环境氟含量过多，当人体摄入过多的氟时可引起特异性疾病——地方氟中毒（或称地方性氟中毒），这是典型的地方病，其病区和非病区界线分明。这个病的主要特征是氟斑牙（也称斑釉牙）和氟骨症。

二、致病因素

（1）饮水中的氟

成人每天氟摄入量为 0.3～4.5 mg，其中，35% 来自食物，65% 来自饮用水。饮水含氟量在 0.5 mg/L 以下，龋齿的发病率增高；当含氟量为 0.5～1.0 mg/L 时，龋齿和斑釉牙发病率最低，且无氟骨症发生；当含氟量为 1.0 mg/L 以上时，随着水中含氟量的增高，斑釉牙发病率上升，当含氟量大于 4 mg/L 时，氟骨症患病率逐渐增加。

我国《生活饮用水卫生标准》（GB 5749—2022）中将氟化物限值定为 1.0 mg/L。

（2）大气中的氟

工业生产产生的含氟废气可能对大气造成污染。如炼铝厂可能在生产过程中产生氟化氢气体（HF）污染周边的大气环境。磷肥厂在生产磷肥过程中所用的磷灰石一般含氟 2%～3.5%（主要是氟化钙），在高炉熔融或烧结时，也可能产生氟化氢及四氟化硅等气体，污染周边环境，对居民造成影响。

以前，我国环境保护政策还不够完善，科研人员调查某大型铝厂附近的居民时发现，该地区儿童患口腔及鼻咽部疾病的数量增多，污染区学龄儿童的斑釉牙患病率比对照区的 27.5% 高。污染区的齿龈炎发病率也略高于对照区。同时，居民区的生活环境也受到影响，如空气伴有不良气味，玻璃和金属制品易受到腐蚀。

另外，以前在我国河北、内蒙古、贵州等地，有些居民使用小煤窑挖出的劣质煤取暖做饭（目前这种情况已得到遏制），这些煤高硫高氟，燃烧产生的煤尘落在晒粮食的场院和周边的水塘里，也会造成污染。

我国《环境空气质量标准》（GB 3095—2012）规定，居住区大气氟化物（换算成 F）最高容许浓度每小时平均值为 0.02 mg/m^3，日平均值为 0.007 mg/m^3。

（3）食物中的氟

我国大部分地方性氟中毒都是饮水中氟含量过高引发的。但某些地区的氟中毒，如山东、贵州、湖北等省饮用水中氟浓度并不高，这些地区氟中毒是食物含氟量高引起的。植物中含氟量高于动物，海产品含氟量高于陆地上的产品，鱼类和茶叶含很多氟，如黑茶含氟量高达 52～161 mg/kg，绿茶含氟量可高达 336 mg/kg。植物中的氟大部分与钙、镁、铅等结合后随粪便排出，只有 20% 被吸收。

氟从消化道进入人体，被吸收后主要分布在骨骼、牙齿中，大部分从尿液中排出，少量可从粪便、头发、指甲、汗腺排出。

三、地方性氟中毒的解释

地方性氟中毒者会出现剧烈头痛、无力、食欲不振、腹胀等症状，常伴有四肢麻木感、肌肉酸痛、腰背钝痛、关节活动受限等现象。典型地方性氟中毒包括氟斑牙及氟骨症等。

（1）氟斑牙。初期，牙面无光泽，偶见苍白色斑点，随后出现淡棕色至深棕色斑点或斑块，分布面扩大。齿质脆弱，易磨损。该病症主要因幼儿牙齿在生长期受氟影响所致。

（2）氟骨症。长期吸收大量的氟化物，可引起特有的骨质硬化症，个别也见骨质疏松症。早期患者常会腰酸背痛，到后期，患者关节活动，特别是弯腰动作明显受限，甚至行动困难。在环境中含氟高的地区，妇女患病率较高。除过量摄入氟外，绝经妇女雌激素水平低下，老年人钙、磷、维生素D代谢改变等，也是发病的主要原因。

卤族元素中的氯、溴与人体健康

一、卤族元素的生理功能

氟、氯、溴、碘是人体必需的元素。氟在前文已述，此处不再赘言。氯是保持人体细胞内外液量、渗透压以及电解质平衡不可缺少的元素。溴化物很早就被用作镇静剂，在治疗上，为使溴离子在体内迅速达到较高水平，可以适当限制氯化物的补充，以减少溴化物的排出。但当溴化物在体内过量蓄积时，又可以增加补给氯化物，促使溴化物和氯化物一起排出。碘参与甲状腺激素的合成，其代谢受脑垂体前叶调节。碘可以促进甲状腺激素的分泌，保持甲状腺的正常生理功能。

二、氯

1. 氯在生活中的应用

氯的应用十分广泛，尤其是在消毒方面对人类贡献极大，如液氯、次氯酸钠、漂白粉、氯化磷酸三钠、二氯异氰尿酸钠、二氧化氯等都是含氯消毒剂，生活饮用水、医院污水的处理和污水处理厂等均离不开含氯消毒剂。下面主要介绍二氧化氯和 84 消毒液。

2. 二氧化氯

二氧化氯是一种高效氧化剂，其氧化能力是氯的 2.5 倍，对细胞有较强的吸附和穿透能力，不仅可以有效地氧化细胞内含巯基的酶，还可以快速抑制微生物蛋白质的合成，从而杀灭微生物。二氧化氯对芽孢、病毒、藻类、铁细菌、硫酸盐还原菌和真菌等均有很好的杀灭作用。

二氧化氯是第四代消毒产品（第一代消毒产品的有效成分是次氯酸钠，如生活中常见的产品 84 消毒液；第二代消毒产品的有效成分是对氯间二甲苯酚，成本较高，有轻微毒性，同时也有轻微腐蚀性；第三代消毒产品的有效成分是单双链复合季铵盐，消毒杀菌率很高，但长期使用易使细菌、病毒产生抗药性），被世界卫生组织和世界粮食组织列为 A_1 级安全高效消毒剂。为控制饮用水中"三致物质"（致癌、致畸、致突变）的产生，欧美发达国家已广泛应用二氧化氯替代氯气进行饮用水消毒。

3. 84 消毒液

该消毒液是北京地坛医院于 1984 年研发的，主要用来防范甲肝流行，因为于 1984 年被发明，故以"84"来命名。

该消毒液的主要成分是次氯酸钠（NaClO），不同制作工艺有效氯含量不同：工业制备的次氯酸钠含 10%～12% 有效氯，次氯酸钠发生器电解食盐制备的次氯酸钠含 1%～5% 有效氯。次氯酸钠理化性质：纯品次氯酸钠为白色或灰绿色结晶，工业产品为淡黄色或无色液体，pH 高达 10～12，有氯臭，无残渣，易溶于水。次氯酸钠为强氧化剂，有较强的漂白作用，对金属器械有腐蚀作用。

84消毒液中起杀毒作用的主要成分为次氯酸，次氯酸为很小的电中性分子，为弱酸性，能扩散至带负电的菌体表面，并通过细胞壁穿透到菌体内部对其进行氧化。次氯酸的浓度越高杀菌作用越强，浓次氯酸对皮肤黏膜有刺激和腐蚀作用。

84消毒液安全使用注意事项：该产品为外用消毒剂，不得口服；84消毒液对金属有腐蚀作用，对织物有漂白作用，因此须慎用。如使用过程中不慎溅于眼中或皮肤上，应立即用清水冲洗；勿用40℃以上的热水稀释原液；避光，于阴凉干燥处保存；室内存放有效期多为12个月。

84消毒液需单独使用，不能与其他消毒剂混合，尤其不能与洁厕灵混用，否则产生的氯气会造成使用者中毒甚至死亡（洁厕灵的主要成分为表面活性剂、无机酸、水、香精等。其使用注意事项中特别强调，勿与含氯产品，如84消毒液、漂白水、漂清液、管道疏通剂等混用）。

三、溴

1. 溴在生活中的应用

溴的应用十分广泛，现仅以溴水（含溴的热矿水）为例，介绍其应用。溴水既是一种工业原料又是一种对人体具有医疗、保健作用的热矿水。

根据国家医疗热矿水水质标准，水中含溴量应达到25 mg/L。溴是人体必需的微量元素之一。用于沐浴，有镇静和调节中枢神经的作用，适用于神经官能症、神经病、失眠等病症。

2. 溴对人体健康的影响

溴有毒性，它是一种对黏膜有强烈刺激性和腐蚀性的物质，对组织的损坏程度一般较氯明显。成人的嗅阈值低于 0.066 mg/m^3。吸入 0.13～0.33 mg/m^3 溴可引起轻度刺激症状；吸入 3.3～6.6 mg/m^3 溴，短时间接触即有明显刺激；吸入 6.6 mg/m^3 溴有强烈刺激感；吸入 11～13 mg/m^3 溴会引起严重窒息感；吸入 30～60 mg/m^3 溴极其危险；吸入 220 mg/m^3 溴将短时致命。

吸入低浓度溴后可引起咳嗽、胸闷、黏膜分泌物增加、出鼻血、头痛、头晕、全身不适等症状，部分可引起胃肠道症状；吸入较高浓度溴后，鼻咽部和口腔黏膜可被染成褐色，口中呼气有特殊的臭味，有流泪、畏光、剧咳、嘶哑、声门水肿或痉挛等症状，甚至会引起窒息。有的还会出现支气管哮喘、支气管炎或肺炎。长期吸入溴，除表现黏膜刺激症状外，还会伴有神经衰弱综合征，少数人出现过敏性皮炎，接触高浓度溴可造成皮肤重度灼伤。

卤族元素中的碘、砹与人体健康

一、碘在生活中的应用

碘的应用范围很广，以下仅介绍碘在消毒和治疗地方病（甲状腺肿）等方面的应用。

1. 碘附

碘附是碘与表面活性剂结合的产物，根据表面活性剂种类不同，其性状各异。医用液体碘附含有效碘 0.5%～1.0%（质量浓度为 5～10 g/L）、气味小、对黏膜无刺激性、耐储存、腐蚀性小。碘附有广谱杀菌作用，能杀灭细菌、芽孢，对乙型肝炎病毒有杀灭作用。

碘附属低毒类消毒剂，配方不同毒性也不同。碘附可用于外科洗手、术前及注射部位皮肤的消毒、黏膜消毒、餐具玻璃制品的消毒，以及为生吃的蔬菜和瓜果消毒。

碘附对铝等金属器械有轻微腐蚀，对织物无腐蚀性，黄染易洗去。要求在使用前必须测定有效碘含量，针对不同情况配制所需浓度溶液。

2. 碘酊

碘酊也叫碘酒，是碘和碘化钾的酒精溶液，能渗入皮肤杀灭细菌（含有效碘 2%～3% 的碘酊用作皮肤消毒、含有效碘 1% 的碘酊用作口腔黏膜消毒），但不能与红药水同用，同用会产生有毒的碘化汞，碘酊内部的碘浓度比较高，在 3% 左右，有的能达到 5%，所以常规用完碘酊后，需要用酒精脱碘，因为碘有刺激性，如果用完碘酊之后不脱碘，有可能导致皮肤出现烧灼感、疼痛感，起水疱，发生皮炎等。

3. 地方性甲状腺肿

甲状腺位于人体颈部，贴近喉、颈前，是人体内最大的内分泌器官，由它合成和分泌的甲状腺激素有促进组织代谢和身体发育的作用，可促使各组织器官生长、发育、分化、成熟。甲状腺激素对物质代谢和能量代谢影响很大，据估计，1 mg 甲状腺激素可使组织产生 1 000 cal[①] 热量。

碘是人体必需的微量元素，人体内 1/3 以上的碘以甲状腺激素的形式存在。根据碘代谢测定，人类甲状腺每天必须捕获 60 μg 碘化物，分泌约 52 μg 甲状腺激素，这意味着要保持碘平

---

① 1 cal=4.184 J

衡，每人每日需要摄入 100～300 μg 碘。世界卫生组织（WHO）推荐的标准是成人每日摄入 150～300 μg 碘，但是很多学者认为每人每日摄入量应为 200 μg。碘的摄入量不足是地方性甲状腺肿发生的重要原因，因为尿碘量近似于碘的摄入量，所以现在认为，当一个地区的居民 24 小时的尿碘低于 25 μg 时，该地区属于地方性甲状腺肿严重病区，并有地方性克汀患者；当 24 小时的尿碘为 25～50 μg 时，该地区属于地方性甲状腺肿中等病区，只有甲状腺肿患者，无克汀患者；当 24 小时的尿碘为 50～100 μg 时，该地区属于地方性甲状腺肿中轻病区，很少见巨大的结节型甲状腺肿患者。

调查发现，在严重缺碘的地区容易出现甲状腺肿病区，也常常出现地方性克汀或类似克汀病。克汀病临床特征是呆、小、聋、哑、瘫，一经成病就很难治愈，给家庭带来灾难。另外，碘缺乏还可能与乳腺癌、卵巢癌以及子宫内膜癌的发生有关。

二、碘与人体健康

碘的蒸气对黏膜有明显的刺激性，当摄入 1.03 mg/m³ 碘时，即可刺激结膜；浓度增加，会出现结膜炎、鼻炎、支气管炎等病症，有时可能引发过敏性皮炎或哮喘。皮肤接触碘片，会受到强烈刺激，甚至产生灼烧感，人口服的碘致死量为 2～3 g。

人若吸入碘蒸气，会在其体内转化为碘化物，碘主要经尿液排出，也可随唾液、胆汁、汗液或乳汁微量排出。在空气中含碘 12.1～61.0 mg/m³ 的环境生活 4～5 个月，会出现黏膜、皮肤刺激症状；接触 6～8 个月，多数人会出现食欲亢进、腹泻、心率加快等症状；一年后表现出中枢神经系统抑制现象；过量接触，可致甲状腺功能紊乱。

三、砹

砹是卤族元素。原子序数 85 是一种放射性元素。科学家已发现质量数 196～219 的全部砹的同位素。其中只有砹 215、砹 216、砹 218、砹 219 是天然放射性同位素，其余都是通过人工核反应合成的。砹 210 是所有同位素中最稳定的，半衰期为 8.1 小时。

砹比碘像金属，它的活泼性比碘低，易挥发，在自然界仅有极少量砹存在。可由 α 粒子撞击金属铋（Bi）而得。

砹本身无毒，但其放射出的 α 粒子对人体有害。动物实验证明，砹 211 类似碘 131，易为人体甲状腺所吸收，因此，砹 211 放射出的 α 粒子对甲状腺组织起破坏作用。

砹已经用于医疗中，在诊断甲状腺时，常常用放射性同位素碘 131。碘 131 放出的射线较强，影响甲状腺周围的组织，而砹 211 很容易沉积在甲状腺中，能起到与碘 131 同样的作用，它不放射砹射线，放出的 α 粒子很容易被吸收，可用来医治甲状腺功能亢进。

神奇的砷化物

2017 年 10 月 27 日，在世界卫生组织（WHO）国际癌症研究机构（IARC）公布的致癌物清单中，砷和无机砷化合物属于 1 类致癌物。2018 年 5 月 24 日，美国癌症研究中心（AICR）和世界癌症研究基金会公布了关于生活方式和癌症预防的权威报告。该报告介绍了关于饮食营养、体重和运动等因素是如何影响癌症风险的。生活因素与 14 种癌症风险有关，其中，肺癌调查结果显示，饮用水中的砷是增加癌症风险的重要因素之一。

一、砷及其化合物的来源

全球每年通过人为活动进入自然循环的砷含量大于天然量，其中主要来源如下。

（1）燃煤造成的砷污染。我国煤含砷量约为 2.5 mg/kg，但有一些地区的煤含砷量达 200 mg/kg 以上，燃煤是砷污染的主要来源。

（2）砷化物的开采、冶炼。砷化物的开采、冶炼，特别是民间流传广泛的土法炼砷，是造成水中含砷量超标、生物砷中毒等的主要原因。

（3）土壤中砷污染主要来自含砷农药，目前砷类农药已被禁止销售和使用。

日本宫崎县环境保健会等部门进行了砷污染的调查，在对土吕久地区 55 户 269 人中的 234 人进行健康调查后，认为其中 8 人疑有砷中毒后遗症。1972 年，7 人确诊是慢性砷中毒症。1973 年政府把土吕久地区慢性砷中毒定为公害病。截至 1976 年 11 月底，土吕久地区 89 人被确诊为慢性砷中毒，笠开谷区 17 人确诊，共 106 人被确诊为砷中毒。

（4）砷是水污染物之一。2010 年，医学期刊《柳叶刀》报告称，孟加拉国 7 700 万人因饮用水被砷污染而面临危险。2001—2010 年，研究人员对孟加拉国首都达卡某区近 1.2 万人的跟踪调查发现，似乎 20% 以上的死亡都与饮用被砷污染的井水相关。

另外，我国也曾出现饮用水被砷污染的情况。一般砷化物通过水、大气和食物等途径进入体并造成危害。

二、砷及其化合物的用途

尽管砷的化合物属高毒化合物，但世界上的事物均有两面性，让我们看一下砷及其化合物对人类有益的一面。

（1）砷的药用价值

功能：祛痰止咳、截疟、腐蚀、杀虫。

主治：治寒痰哮喘、疟疾、休息痢、痔疮、瘰疬、走马牙疳、癣疮、溃疡腐肉不脱等。

运用砷剂（三氧化二砷）作为药物以毒攻毒治疗疾病在我国有着悠久的历史。东汉时期砷剂就被采集入药。但近年来人们发现，小剂量的三氧化二砷静脉注射可用于治疗急性早幼粒细胞白血病（APL），并有低毒高效的特点。同时，还可用于治疗其他恶性肿瘤。

西方医学界从 17 世纪开始研究砒霜中有效成分的药用价值，直到 20 世纪 90 年代，砷剂治疗白血病的药用价值才得到国际血液学界的高度重视。美国食品药品监督管理局（FDA）在经过验证后，批准砷剂的临床应用。获得 2015 年度"求是杰出科学家奖"的张亭栋教授，是使用砒霜治疗白血病的奠基人。他于 20 世纪 70 年代开始基于中医药方探索研究，并于 90 年代与上海血液学研究所等单位合作进一步开展研究，确认三氧化二砷是药剂中治疗白血病的有效成分，对于 APL 患者效果最好。他研发的药物经研究推广后，已成为全球治疗 APL 患者的标准药物。

（2）砷在其他材料上的应用

砷是制作铜和铅合金的材料，在铜中添 0.15%～0.5% 的砷制成的铜砷合金可以显著降低铜的导热性和导电性，提高含氧铜的加工塑性。铜砷合金常用于制作火车燃烧室的支撑螺杆及高温还原气氛中的零部件。此外，砷也被当作掺杂材料应用于半导体材料中，如 N 型半导体材料等。

除上述应用外，在皮毛业中用三硫化砷作为脱毛剂、用三氧化二砷作为消毒防腐剂，三氧化二砷还在玻璃制作过程中被用作脱色剂等。在化工方面还用砷及其化合物制作染料、涂料、农药等。

维 C 是维生素 C（Vitamin C）的简称，是水溶性维生素的一种。维 C 和水产品一起会产生三氧化二砷，砷从哪儿来？砷的产生不是因为水产品中的蛋白质与维 C 发生了反应，而是因为水产品残留以五价砷的形式存在的砷化物，其与维 C 发生还原反应，生成三氧化二砷等毒性较强的三价砷，所以建议吃海鲜之后，不要吃富含维 C 的水果。

三、防治砷化物污染

（1）严格的科学管理。我国对重金属及有毒化学品制定了严格的管理办法。如果出现砷的急性或慢性中毒，可去当地职业病防治所（院）和专科医疗机构就医。砷的解毒剂是二巯丙醇，肌肉注射，即可解毒。

（2）加强监督和监测。如加强对大气、水、土壤等的监测，同时加强对工业企业"三废"的管理，防止砷污染物进入环境。

（3）避免砷进入食物链，对人体造成危害。一旦出现砷污染，要及时上报环境和卫生部门，及时解决，以保证公众的健康。

金属镍与癌症

科学家把金属分为黑色金属和有色金属。除了铁、锰、铬及其合金称为黑色金属外，其他金属都称为有色金属，有色金属主要分为五大类：①重金属，指密度大于 4.5 g/cm³ 的金属，如铜、镍、铅、锌、汞、钴等；②轻金属，密度小于 4.5 g/cm³，如铝、镁、钠、钾等；③贵金属，如金、银、铂等；④半金属，如硅、硼；⑤稀有金属，如锂、铷、铯等。此外金属还可分为稀有难熔金属、稀有分散金属、稀土金属、放射性金属等。

本文介绍金属镍与人体健康相关的知识。

一、镍的发现

镍在地壳中含量丰富，含量大于常见的铅、锡等金属。瑞典是一个矿产资源丰富的国家，在地质学、矿物学、化学和物理学等方面出现了许多科学家。他们为元素周期表中许多元素的发现做出了贡献。1751 年，瑞典矿物学家克朗斯塔特用红砷镍矿表面风化的晶体颗粒与木炭共同加热，制出了镍。

据考证，在公元前 1 世纪，中国便已懂得用镍和铜制成合金——白铜的方法，并用它制造墨盒、烛台、盘子等，白铜曾被出口到欧洲。经后人分析，这一古代白铜的化学成分为镍

6.14%、铜 62.5%，此外还有少量的锌、铁、铅等。这说明，虽然人们对镍元素不了解，但冶炼的技术是相当高超的。在我国明代宋应星所著的《天工开物》一书中对此也有所记载。

二、金属镍的应用

金属镍是重要的工业原材料，特别是在钢铁工业和不锈钢生产中是必不可少的材料。镍可以制造电池，如镍镉电池、镍氢电池、镍铁电池（电解液为氢氧化钾，故也称碱性电池）。镍铬丝在电炉、电烘箱、电烤箱等电器中使用量极大。纯镍（99.4%）用于电镀，镍合金用于制造标准尺和仪表零件。含46%镍的高镍钢被用于制造灯丝。镍与铜、铁、硅形成的合金用于制造汽轮机的叶片。镍铬合金用于制造汽轮发电机，镍的粉末除用作催化剂外，还用于制造瓷釉等。

三、镍对人体健康的影响

流行病学调查和动物实验证明，镍属于致癌物（2B级），可以引起口腔癌、咽癌、直肠癌和肺癌，而且这些癌症的发病率与外界环境中的镍含量成正比。

镍是人和动物必需的微量元素。它的原子结构使之能够参与生物反应。微量的镍能使胰岛素分泌增加，血糖降低，所以镍可能是胰岛素的一种辅基。正常人每天可由膳食中摄取微量镍。

镍和镍盐对皮肤的影响，主要表现为接触性皮炎和过敏性湿疹。个别对镍敏感性高的人，会因戴含镍的皮带或眼镜架发生皮炎，皮炎往往从接触部位开始，有时可蔓延至全身，皮肤有剧烈的痒感，也称"镍痒症"。皮炎在脱离接触后1～2周可自愈。另外，镍致癌作用已被国外流行病学证实。杜勒（Doll）发现，接触某种镍化合物的工人肺癌死亡率比正常人高出10倍，鼻窦癌患病率高出900倍，接触镍化合物的工人可见染色体畸变率增加。近年来，多方研究表明镍化合物是一种活性相当高的遗传毒物。镍还可以引起过敏性肺炎、支气管炎和支气管肺炎，并可并发肾上腺皮质机能不全等症。

以四羰基镍的毒性为例，在常温下，镍即可与一氧化碳发生反应，生成剧毒的四羰基镍 $[Ni(CO)_4]$，加热后又会被分解成金属镍和一氧化碳。金属镍几乎没有急性毒性，一般镍盐毒性也比较低，但四羰基镍能产生很强的毒性。它以蒸气形式迅速被呼吸道吸收，也能经皮肤少量吸收，而前者是作业环境中四羰基镍侵入人体的主要途径。当四羰基镍的质量浓度为 3.5 μg/m³ 时，人就会闻到油烟的臭味。四羰基镍浓度低时，人有不适应感，可引起急性中毒。10 分钟左右会出现初期症状，如头晕、头疼、步态不稳，并伴有恶心、呕吐、高烧、呼吸困难、胸部疼痛等症状。高浓度时，发生急性肺炎，病人最终会因肺水肿和呼吸系统衰竭而亡。

能致人死亡的锕系家族

一、锕系家族的组成

锕系元素（actinides）是ⅢB族元素中原子序数为89～103的15种化学元素的统称，包括锕（Ac）、钍（Th）、镤（Pa）、铀（U）、镎（Np）、钚（Pu）、镅（Am）、锔（Cm）、锫（Bk）、锎（Cf）、锿（Es）、镄（Fm）、钔（Md）、锘（No）、铹（Lr）。它们都是放射性元素。前6种锕、钍、镤、铀、镎、钚存在于自然界中，其余9种为人工合成。

二、锕系元素的应用

（1）太阳能、风能、水能和核能都是新能源，可以解决化石能源（煤、石油）枯竭的问题。核潜艇、核航母、核电站都是以核能为动力。锕、钍可用作核燃料，镤可用于原子能工业，而铀可用于制造原子弹。

（2）钚，制成碳化钚硬质合金可用于金属加工、采矿及建筑工业中。其与镍、铁和钴的合金被用于制作重合金。

（3）镅，常用作同位素测厚仪和同位素X射线荧光分析仪的放射源。镅241应用于烟雾探测器的镅-铍中子源。这种智能烟雾探测器通过监测烟雾的浓度来实现对火灾的防范。在内外电离室中所装的放射源镅 241（α 源）能电离烟雾并发出报警信号（报警电路检测到烟雾浓度超过设定的阈值便会报警）。

此探测器用量很大，为世界各国防止火灾的发生做出了巨大的贡献。

（4）锔，常为人造卫星和宇宙飞船不间断提供热量。

（5）锫，锫 249 常被用于制造超铀元素和超锕系元素。

（6）锎，是一种人造元素，在煤炭、水泥生产中，该元素被用于煤元素分析和粒状物质分析。在核医学领域锎可用于治疗恶性肿瘤，如锎 252 中子治疗仪。

（7）锿，用于制造超铀元素和超锕元素。

（8）镄，是一种催化剂。

三、核元素给人体健康带来的危害

尽管核元素能用在医学上，可治疗各种癌症。但其辐射给人体带来的危害，仍让人谈"核"色变。锕系中的钚元素，原子序号 94，原子量 242，半衰期为 50 万年，这一放射性元素晶体为淡蓝色，有剧毒，毒性为氰化钾（KCN）的 2.5 亿倍，一片阿司匹林大的钚泄漏足以毒死 2 亿人，而 5 g 钚足以毒死全人类。

人体受到超强的核辐射后，体内的 DNA 双链断裂，极难修复。细胞受到影响，可引起各种癌症，特别是白血病。放射性元素对人体有"三致"作用，即致癌、致畸、致突变。其表现为当人体接受低剂量的辐射时会出现头晕、乏力、食欲下降等现象。随着辐射剂量的加大，出现造血功能损伤并引起消化系统的损伤，出现食欲不振、恶心、呕吐等症状。

其次，核元素会给胚胎和胎儿造成损伤。女性怀孕期间如果受到核辐射会引起胎儿发育畸形和新生儿死亡，而且胎儿出生后，白血病和癌症的发病率升高。同时，核辐射会造成慢性病的发生，出现慢性皮肤伤害、造血障碍、白内障等。超剂量辐射，可使皮肤腐烂。

最后，超过剂量的辐射可导致恶性肿瘤的发生，如肺癌、甲状腺癌、乳腺癌和骨癌等。剂量过高可使患者在短时间内死亡。

因此，受到核辐射的患者最好远离核辐射区。如果辐射已引起脱发、白血病、呕吐、腹泻等时，要及早去医院进行检查、治疗，避免进一步伤害。

科学家发现了放射性元素，利用核能技术造福人类。而核武器的出现却给世界带来了威胁。和平利用核能是人类共同的目标。

二氧化碳和"温室效应"

根据世界气象组织于当地时间 2019 年 12 月 2 日在马德里召开的联合国气候变化大会上发布的报告，从平均温度来看，2015—2019 年这 5 年以及 2010—2019 年这 10 年，几乎可以被确定分别为有记录以来最暖的 5 年和 10 年。在 2010—2019 年中，人类活动产生的温室气体造成全球异常高温。世界气象组织秘书长彼得里·塔拉斯说："每一天，人们都通过极端和'异常'天气感受气候变化的影响。2019 年再一次遭受了与天气和气候相关风险的严重打击。过去'百年一遇'的热浪和洪水正变得越来越频繁。"他还表示，如果各国不采取紧急行动，21 世纪末，温度升高超过 3℃，对人类福祉的有害影响将越来越大。而目前，我们远远没有实现《巴黎协定》所定的目标。

一、二氧化碳的理化性质

二氧化碳在常温常压下是无色无味的气体，相对分子质量为 44.01，沸点为 -78.5℃，相对密度为 1.977（标准状况下）。在标准状况下，1 L 二氧化碳质量为 1.977 g。二氧化碳能被液化，其从液体再度变为气体时，蒸发极快，固态的二氧化碳称为干冰。工业中，常将二氧化碳加压成液态储存在钢瓶中。二氧化碳可溶于水，也可被碱吸收。

二、来源

空气中的二氧化碳的体积分数一般为 0.03%～0.04%，在海平面上一般约为 0.02%，郊区约为 0.03%。大城市空气中二氧化碳的体积分数可达 0.04%～0.05%，人体呼出的二氧化碳的体积分数为 4%～5%。室内的二氧化碳来自人体呼吸、燃料燃烧、生物发酵等过程。室内二氧化碳的浓度水平受人均住房面积、住户是否吸烟和室内燃料燃烧情况等因素影响，正常情况下，室内二氧化碳浓度较低。

三、温室效应带来哪些危害？

联合国环境规划署（UNEP）于 1997 年发布的《全球环境展望》(*The Global Environmental Outlook*)中提出了全球性、地区性的主要环境问题，其中包括温室气体的排放、化学品和能源消费量增加、可再生资源使用的不可持续，以及全球生物地球化学循环遭到破坏等问题。

近年来，由于工业发展和频繁的人类活动，温室气体排放量正在逐年增加，影响大气质量，使全球气候变暖。2019 年夏季，地球在"发烧"，席卷整个欧洲的高温使人难以忍受，印度因热浪死亡的人数增加，中国北方酷热持续时间较长，南方酷热且大量降雨，整个地球台风、海啸、龙卷风、地震、火山喷发等自然灾害频发。若南北极冰川继续融化，海平面上升，世界上一些岛国将被海水覆盖，不复存在。自然灾害不断、病虫害增多，干旱使田地龟裂，庄稼歉收，人类将面临严重的生存挑战。

联合国政府间气候变化专门委员会于 2019 年 8 月 8 日发布了一份名为《气候变化与土地》的报告，呼吁改变土地使用方式和饮食习惯，避免气候变暖威胁全球粮食安全。这份报告由全球 100 多名科学家参与撰写，篇幅约 1 000 页，摘要将近 60 页。该报告于 2019 年 8 月 8 日在瑞士日内瓦召开的联合国会议上获得各国代表的批准。

报告显示，自工业化以来，全球地表温度上升 1.53℃，是全球平均气温上升幅度的近 2 倍，这一时期全球平均气温上升了 0.87℃。地表温度升高加剧了土地退化，增加了沙漠面积，缩小了永久冻土带，使森林更易发生干旱、火灾、虫害。

美国气候学家、报告作者之一辛西娅·罗森茨魏希指出，如果全球气温升高 0.5℃，预期发生粮食供应不稳定、山火、干旱地区缺水的可能性为"高"；如果气温升高 1℃，上述情况发生的可能性会"非常高"。大量的研究显示，二氧化碳含量高会减少许多谷物的蛋白质和其他营养物质含量。辛西娅·罗森茨魏希列举了多次实验所获数据，在高二氧化碳含量条件下生长的小麦，蛋白质含量比正常情况下的减少 6%～13%，锌元素含量减少 4%～7%，铁元素含量减少 5%～8%。

来自悉尼大学的报告作者托马斯·纽森称："气候危机意味着如果我们不采取行动应对气候变化带来的影响，如减少碳排放、减少肉类生产、减少土地占用和化石燃料的使用，气候变化带来的影响会比我们现在经历的还要严重。"这可能意味着未来地球的某些地区将不再适宜人类生存。

英国知名医学期刊《柳叶刀》发布的一份名为《柳叶刀2030 倒计时》的报告强调，气候变化已经开始对全球儿童的健康造成损害，报告由世界卫生组织、世界银行、英国伦敦大学学院、中国清华大学等 35 个机构的 120 位专家共同完成。

该报告指出，如果不采取措施控制气候变化，那么气温上升和极端天气事件发生将导致儿童更容易受到营养不良和食品价格上涨的影响，且易成为传染性疾病流行的主要受害群体。同时，应注意 65 岁以上的人群的健康状况也容易受到气候变化尤其是极端高温的影响。

四、节能减排，应对气候变化

据统计，百年来，大气圈中的二氧化碳已由 19 世纪的0.028%（体积分数）增加到 2017 年的 0.0405%（数据来源于《科学》杂志），从 19 世纪开始到 2000 年，大气圈中的二氧化碳持续增加，引起全球性的温度升高。因为二氧化碳可吸收红外线，当大气圈中的二氧化碳的含量增加 1 倍时，大气的温度便可增加 2℃。

各类温室气体对温室效应的相对贡献率约为二氧化碳53.9%，甲烷 14.3%，氟氯烃 25.4%，氧化亚氮 6.4%。由此可见，二氧化碳是主要温室气体，应对气候变化控制二氧化碳排放尤其重要。

我国发表了题为《应对气候变化，中国在行动》的文章，文章指出，全世界都在期待人类碳排放尽快达到峰值，然后进入平衡下降阶段，最终实现二氧化碳排放量"收支相抵"，这就是碳中和。中国是世界三大经济体中第一个做出碳达峰和碳中和承诺的国家，中国计划于 2030 年前实现碳达峰，2060 年前实现碳中和，并为兑现承诺而采取了相应的行动。

截至 2021 年底，中国的光伏新增装机量连续 9 年稳居世界第一。2021 年，中国海上风电新装机容量约占全球增量的一半。10 年来，中国核电持续发展，2020 年核电助力减碳 27 442.38 万 t。不断增长的林地发挥了重要的固碳、碳汇作用。2010—2016 年，中国陆地生态系统年均吸收约 11.1 亿 t 碳。尼古拉斯·霍恩表示，中国 2060 年碳中和目标达成将使全球温度比预期降低 0.2～0.3 ℃。中国将为全世界节能减排、应对气候变化做出巨大的贡献。

甲烷是温室气体中不可忽视的存在

　　第 21 届联合国气候变化大会于 2015 年 11 月 30 日至 12 月 11 日在法国巴黎召开，150 个国家元首和政府首脑出席会议。经过艰苦的谈判，最终达成共识，《巴黎协定》的发布使大会在与会代表的欢呼声中闭幕。协议的主要内容如下：①与工业革命前相比将地球气温升幅控制在 2℃以内（1.5℃左右）；②每 5 年讨论各国减排工作进展情况；③发达国家对发展中国家减排援助每年至少 1 000 亿美元……气候大会让全世界人民共同关注地球这个人们赖以生存的星球的气候变化问题。

　　一、"温室气体"包括哪些？

　　1997 年 12 月在日本京都召开的《联合国气候变化框架公约》第三次缔约方大会上，特别讨论了温室气体及其控制的问题。会议明确了 6 种气体：二氧化碳（CO_2）、氧化亚氮（N_2O）、甲烷（CH_4）、臭氧（O_3）、六氟化硫（SF_6）及氯氟碳（CFCs）为温室气体。这些温室气体主要是因人类使用石化燃料和改变土地利用类型及植被覆盖等产生的。该会议提出了应限制排放温室气体排放并确定了减排目标，希望达到稳定大气化学成分、减缓气候变化的目的。

二、甲烷气体的来源

大气中 30%~40% 的甲烷是由自然源产生的，70% 左右的甲烷是由人类活动产生的。

（1）工业排放甲烷

工业中甲烷的排放，主要是煤矿、石油、天然气等在开采过程中泄漏引起的。

（2）种植业排放甲烷

种植业也会排放甲烷，如稻田中的甲烷是甲烷菌在厌氧环境下，利用田间植物根际的有机物质转化形成的。植物根际产生的甲烷量，减去水稻根际甲烷氧化菌的氧化量，其余甲烷将排入环境，稻田甲烷排放主要受土壤性质、灌溉、施肥、水稻生长情况和气候因素影响。

（3）养殖业排放甲烷

反刍动物，如牛、羊、骆驼等，其整个消化道甲烷气体产量很高，几乎全部在反刍时排出，如牛甲烷排放量为 31.47~53.20 kg/（a·头）；羊为 57~85 kg/（a·头）；骆驼为 40~58 kg/（a·头）。如果按全国牲畜饲养量计算，排放甲烷气体的量会更大。

（4）农村堆肥和沼气池等排放甲烷

我国农村人口众多，许多农户会利用农业废弃物和粪便生产沼气或堆肥，如果按全国农户的总数计算，甲烷产生量很大，若操作不当，可能导致甲烷排入环境。

（5）城镇垃圾处理排放甲烷

2020年，北京生活垃圾日清运量2.2万t，虽与2019年比有所减少，但仍数量惊人。若将这些垃圾进行填埋处理将产生大量甲烷。

三、甲烷对"温室效应"的影响

甲烷是一种重要的温室气体。虽然在大气中的含量远低于二氧化碳，但甲烷对气候变化的作用是等量二氧化碳的26倍。减少甲烷排放比减少等量二氧化碳排放，对减轻"温室效应"的作用要大20～60倍。据《爱尔兰时报》报道，2021年，全球甲烷排放量仅能源领域就有1.35亿t，对全球"温室效应"的贡献巨大。甲烷在空气中存在时间较短，其减排对"温室效应"的影响更直接。

四、甲烷排放的应对措施

适应和减缓是应对气候变暖的两大策略，世界各国都在积极制定节能减排目标，鼓励全民植树造林，保护生态环境，寻求能源替代品，如利用太阳能、风能、水力、潮汐等发电替代石化燃料发电。开发以电能提供动力的汽车，推广使用生物燃料等，以减少汽车对大气的污染和"温室效应"。生活中也可采取一些措施减少甲烷排放。

（1）做好垃圾的收集、分类、处理、资源化利用和管理。如建立垃圾焚烧厂，利用垃圾发电等。

（2）加强对水体、沼泽和湿地等生态环境的保护。

（3）甲烷的资源化利用。厨余垃圾经厌氧贮存产生和排放的甲烷，可以通过厌氧发酵回收，减少温室气体的排放。要鼓励乡镇建设沼气池（罐），资源化利用甲烷气体。回收的甲烷气体可作燃料使用，替代化石燃料等常规能源，用于照明、采暖，也可用于发电等。

甲烷等温室气体各有减排的措施，这里不再赘述。节能减排、低碳世界、阻止地球变暖，是我们共同的期盼。

晴天看不见的"健康杀手"——臭氧

2018 年，中国科学院物理研究所研究员王跃思团队破解雾霾产生的"真相"，获得了北京市科学技术一等奖。研究发现，机动车排放正在成为北京市 $PM_{2.5}$ 污染的首要污染源，氮氧化物对 $PM_{2.5}$ 的生成正在起着越来越重要的作用……经观测及研究发现，近年来北京及周边地区呈现颗粒物和臭氧浓度"双高"的大气复合污染特征。以下主要对臭氧加以介绍。

臭氧是什么呢？臭氧又名三氧或超氧，是氧的同素异形体，在常温下为蓝色的爆炸性气体，气味类似鱼腥味。在常温下分解缓慢，在高温下迅速分解形成氧气。它是自然界中的强氧化剂之一，可以将二氧化硫氧化成三氧化硫或硫酸。将二氧化氮氧化成五氧化二氮或硝酸。但是在空气中臭氧浓度很低，上述反应进行得很慢。臭氧还可以损坏各种物品，浓度越高对物品的伤害越大。它可以使铜片出现绿色锈斑，使橡胶老化变脆、弹性降低，甚至断裂；还可以漂白织物，使织物褪色。

一、臭氧污染从哪里来？

在距离地球表面 10～50 km 处聚集了大气中 90% 的臭氧，人们将这一层高浓度的臭氧区域称为臭氧层，它对太阳辐射的紫外线有着较强的吸收作用，能有效地阻挡对地球生物有伤害的短波紫外线（240～329 nm），使地球上的人类、动物、植物等得以生存和延续。臭氧层是生命的"保护伞"，但当臭氧存在于距地面 10～100 m 的大气层时，它将变成人类的"健康杀手"。研究表明，地面上的臭氧少部分来自大自然，如土壤、闪电、生物等产生的臭氧和臭氧层输送的臭氧，而大部分来自燃烧石化燃料（煤、石油、天然气等）、机动车行驶等排放的氮氧化物和挥发性有机物等。还有专家指出，城市中臭氧浓度的高低主要取决于机动车尾气的排放量。

另外，在生产中，高压电器的放电过程、大电流的紫外灯炭精棒、电火花、电弧、光谱分析仪发光过稳、高频无声放电过稳、焊接、切割等都会产生一定浓度的臭氧。

尽管臭氧是人类的"健康杀手"，但它又是人类的"健康帮手"。它除了是生命的"保护伞"外，还可用于消毒生活饮用水、处理污水、漂白纸张及净化空气等。在杀菌方面，它是一种广谱的杀菌剂，可杀灭细菌繁殖体和芽孢、病毒、真菌等，并可破坏肉毒杆菌毒素。臭氧在水中杀菌的速度比氯快。

二、臭氧与光化学烟雾

环境中的臭氧污染与光化学烟雾的产生密切相关，人们常说的臭氧污染，实际是指光化学烟雾的污染，包括汽车的废气、工业污染源排入大气中的氮氧化物和挥发性有机物化合物等一次污染物，以及在太阳照射下发生化学反应生成的臭氧、过氧乙酰硝酸酯（PAN）和醛类化合物等二次污染物。参与光化学反应过程的一次污染物和新形成的二次污染物的混合物导致大气中出现一种具有刺激性的蓝色或棕色烟雾叫作光化学烟雾。光化学反应的起始反应是氮氧化物经光照产生原子氧，原子氧又与空气中的氧生成臭氧，再进一步引发一系列复杂的氧化反应与自由基链式反应，生成臭氧、甲醛、丙烯醛、过氧乙酰硝酸酯等二次污染物。

三、光化学烟雾给人类带来的危害

（1）当光化学烟雾超过一定浓度时，对人体的危害主要表现为对人眼的刺激。它可以引起急性结膜炎，并对人和动物的呼吸系统造成伤害。美国科学家研究发现，光化学烟雾体积分数一般超过 0.15 ml/m³ 时才会对眼睛有刺激作用。但近年来研究发现，在某些不利的气象条件下，当光化学烟雾体积分数达到 0.1 ml/m³ 时，就已经对眼睛有刺激作用。此外，光化学烟雾对人的鼻、咽喉、气管和肺部也有刺激作用。根据各国的研究，光化学烟雾能促使哮喘患者发病，可使慢性呼吸系统疾病进一步恶化，对肺癌也有一定的诱发作用，还能使人感到不适。长期吸入光化学烟雾会影响人体细胞的新陈代谢，加速人的衰老。

科研人员用动物进行实验，其结果显示光化学烟雾对慢性病有一定的影响，可引起慢性气管炎、细支气管炎、肺气肿、肺纤维化以及支气管哮喘，还能使肺组织提前衰老。光化学烟雾致突变、致癌、致畸，是应该受到人们重视的污染物之一。

（2）光化学烟雾能降低大气的能见度，这主要是因为光化学气溶胶的存在，该气溶胶中的颗粒物粒径大小一般在 0.3～1.0 μm，它们不易沉降，悬浮在空气中，极易散射光线，能显著降低大气的能见度。光化学气溶胶对人体的危害表现为，其中的细小颗粒物极易通过呼吸道进入人类肺部深处，当大气中存在多种气体污染物时，这些微粒能吸附浓缩和凝集在这些污染物上，加剧气体污染物对人体的毒副作用。同时，光化学烟雾对天气状况也有一定的影响，因此在冬季城市大雾持续的时间比农村长。由这类气溶胶引起的雾对人体和农作物都有不利影响，还可以腐蚀建筑设备等。

臭氧对人体的作用见表 1。

表 1 臭氧对人体的作用

质量浓度 / （mg/m³）	接触时间	症状
0.02 ～ 0.03	极短	刺激嗅觉
0.10	30 min	对上呼吸道有轻微刺激作用
0.61	15 min	呼吸道有明显刺激感
0.96	12 min	刺激眼睛
1.96	几分钟	产生厌烦感，闻到强烈臭气，刺激症状明显
1.96 ～ 5.89	30 min	肺功能障碍
7.85 ～ 9.62	60 min	开始发生肺水肿

四、光化学烟雾、紫外线的卫生安全防护

（1）对臭氧、光化学烟雾的防治措施。光化学烟雾前体物的主要来源之一就是机动车。因此，对汽车废气排放的管理尤

其重要。首先，要对汽油、柴油等油品进行精炼，去除油品中的杂质，使其在发动机内充分燃烧，减少污染物的排放。其次，加速汽车"革命"，改变现有燃料结构，提倡使用以清洁能源，如以锂离子电池、石墨烯锂离子电池等为动力的电动汽车、混合动力汽车。加装过滤装置，淘汰黄标车，加大对废旧报废汽车的销毁处理力度。发展电动公交车，提倡使用自行车出行，以减轻汽车废气排放造成的环境污染。

（2）紫外线的防护。紫外线是产生光化学烟雾的重要条件，对人体的伤害也不容小觑。临床诊断证明，在夏季接受过量紫外线的辐射，皮肤会有灼烧感，出现起水疱、脱皮、红斑等现象，还会破坏皮肤组织的连接，导致皮肤增厚，出现皱纹并使皮肤弹性降低，也可能造成皮肤病或大大增加患皮肤癌的概率。

另外，紫外线对人的眼睛也有一定影响。近年来，白内障患者的发病率越来越高，过量紫外线辐射是主要原因。研究表明，紫外线的辐射能损害眼睛角膜和晶状体，导致眼睛浑浊。当部分紫外线抵达眼底时，会损伤视网膜细胞，尤其是对于近视眼患者而言，这种损伤可能更为严重。

紫外线的安全防护措施如下：①当夏季紫外线辐射强烈时，外出旅游、办事，要注意戴上浅色的帽子，打伞或用披肩等来保护自己裸露的皮肤。②在白雪皑皑的高原上的登山运动员或在南极冰川中的考察队员都必须戴太阳镜或防护镜，防止紫外线辐射引起雪盲。同时，面部等裸露部位还应用上防晒用品。③在海滨、江、河、湖等浴场及城市露天游泳池，休息时也应戴上太阳镜，并尽量不要让皮肤直接暴晒于阳光下，可披上毛巾或待在太阳伞、树阴下乘凉。同时，紫外线可以帮助人体合成大量的维生素 D，避免人们患佝偻病，但晒太阳时长要适度，当紫外线过强时，应尽量减少外出。

（3）保护臭氧层。多数科学家认为，人类过多使用氟利昂是使臭氧层受到破坏的主要原因。同时指出，失去臭氧层的保护，受害的最终还是人类自己。为了保护我们赖以生存的地球家园，保护臭氧层已受到国际社会的普遍关注。国际上先后通过《保护臭氧层维也纳公约》《关于消耗臭氧层物质的蒙特利尔议定书》。1994 年第 52 次联合国大会决定，把每年的 9 月 16 日定为国际保护臭氧层日。

中国努力实现国际公约规定的目标，全国各地加强对氟利昂替代品的研究、开发和应用，回收和分解氟利昂的研究工作也深入开展，已经取得了显著的成绩。

氡——导致肺癌的"隐形杀手"

1922 年，考古学家组织发掘古埃及金字塔——杜唐卡门法老的陵墓，其后，参与发掘的考古学家先后"离奇"死去。流传已久的"法老的毒咒"似乎得到验证，古老的金字塔被蒙上了一层神秘的面纱……

如今千古之谜的面纱终于被现代科学揭开：建筑金字塔所用的石块、泥沙中含放射性元素镭（镭 226），该元素衰变释放出大量的氡，千百年来在密封的空间里聚集达到致命的浓度，造成了闯入者死亡。

氡是一种无色无味的放射性气体。流行病学研究证明，氡对人体有毒害作用，是仅次于吸烟的导致肺癌的高危因素。它能在不知不觉中致人死亡，堪称"隐形杀手"。

一、氡的理化性质

氡的原子序数是 86，是元素周期表中第 6 周期的 0 族元素，是 0 族中原子量最大的元素。氡是铀核衰变的中间产物，铀 238 经历一系列衰变后的子体是镭 226，这个镭继续衰变形成它的子体氡 222。氡的衰变产生的一系列放射性核元素，被称为氡子体，其中氡 219 也称锕射气，氡 220 也称钍射气。

氡 222 的辐射半衰期为 3.825 天，氡 219 的辐射半衰期为

3.9 s，氡 220 的辐射半衰期为 55 s。气态氡无色无味，液态氡起初是无色透明的，由于衰变产物的出现而逐渐变浑，它能使容器的玻璃壁发出绿色荧光。固态氡不透明，能发出明亮的浅蓝色光。

二、室内氡的来源

室内氡的来源：一是从建筑材料中释放，二是从底层土壤及岩石缝隙中释放，三是从室外扩散到室内，四是来自供水和天然气。

三、氡对人体健康的危害

氡从岩石、土壤及建筑材料中被释放出来，附着在灰尘颗粒上，特别是细小的亚微米颗粒上形成放射性气溶胶，极易被人体吸入。由于氡不活泼，与体内组织不发生化学反应，并且其在组织内的溶解度很低。所以氡在体内主要沉积在呼吸道上，由于其放射性半衰期很短，大部分氡会在呼吸道内衰变，主要对支气管上皮产生辐射。氡子体衰变放出的 α 射线可以损伤肺细胞，增加了发生肺癌或上呼吸道癌的风险。研究人员指出，当氡子体浓度超过标准限值时，其潜伏期可长达 15～40 年，最短也可潜伏几个月到几年，足以致病或致死。不少看似生活环境良好、生活方式健康的人到了中老年却患上肺癌，原因不明，就可能与氡超水平长期辐射有关。

瑞典、英国、美国等国科学家经流行病学调查发现，氡除了致肺癌外，还可以诱发白血病。在高浓度氡暴露下，机体会出现血细胞的变化。还有报告认为，氡能诱发肾癌、皮肤癌、黑色素瘤并对骨髓造成损伤，但证据还不充分，而且其所用的地理相关法和病例对照法在科学性上似乎也不够严谨。

世界卫生组织（WHO）已明确将氡列为 19 种环境致癌物之一。国际学术团体（包括 WHO、国际辐射防护委员会、联合国原子能辐射效应科学委员会等）一致认为，人长期在高氡浓度环境中生活会导致肺癌以及其他疾病发病率增加。

四、防止室内氡污染的措施

（1）在建房和购房时，请有资质的单位进行氡的检测，从源头上控制和预防。

（2）尽可能封闭地面、墙体的缝隙。可以用防氡漆涂覆墙体或用壁纸、壁布贴附墙体（因氡的射程比较短），以防止或减少氡的释放。

（3）经常保持室内通风。经检测，一户住房，关闭门窗 24 h 后，氡的浓度为 151 Bq/m^3，开窗通风 1 h 后，氡的浓度降至 48 Bq/m^3。

（4）在进行室内装修时，尽量少用石材、瓷砖等含氡的建筑材料；选用装饰、装修材料应向商家索取有资质的单位提供的氡检测合格报告。

生活中的环境与健康 ENVIRONMENT AND HEALTH IN LIFE

（5）已经入住的房屋，住户如出现一些不适症状，可委托有资质的检测机构进行检测（包括5项指标：甲醛、氨、苯、总挥发性有机化合物及氡），并请专家分析结果。如果超标严重，可以请有资质的治理机构进行治理（经对北京市室内氡的大量检测数据分析发现，北京室内氡一般不超标，但要注意对地下室、人防工程、地下车库、坑道等处的氡进行检测，这里氡的浓度略高于室内）。

五、积极开展全民防氡教育

我国政府十分重视对氡的监测和防控工作。北京市从20世纪80年代开始，对地面建筑物室内、地下建筑物室内及地下水中氡浓度进行了大量检测。目前，全国各地均已开展此项工作，取得了大量有价值的科学数据，为防治氡污染打下了良好的基础。

原卫生部将每年 11 月定为全国防氡月（从 2001 年开始）。每年的 11 月，环境卫生、环境保护等领域的专家走上街头发放宣传材料，讲解防氡的专业知识，以保证公众的身体健康。

综上所述，人们只有了解氡的防护和治理知识，才能改变对氡等放射性物质的恐惧心理，只有掌握了科学的监测、防控方法，才能进一步改善环境质量，让我们的生活环境更加安全、美好。

第三章

卫生与健康

绿色植物是室内空气净化的"好帮手"

　　植物与人类息息相关。植物在阳光的照耀下进行光合作用，向大自然释放大量的氧气（O_2）的同时吸收二氧化碳（CO_2），维持自身的生长。人类则相反，人类吸收氧气，排出二氧化碳，才能维持生命。因此，人类和植物间存在共生关系。

　　绿色植物除上述功能外，还有净化环境空气的功能。美国科学家威廉·沃维尔发现，绿色植物对居室和办公室受污染的空气具有很好的净化作用。他用了几年时间测试几十种不同的绿色植物对几十种化学物质的吸收能力，并重点关注更容易获取的观赏植物，结果发现各种绿色植物都能有效地降低空气中的化学物质并将它们转化为自己的养料。

　　威廉·沃维尔公布的一份抗污染物清单显示，在 24 小时照明的条件下，芦荟消灭了 $1 m^3$ 空气中 90% 的醛类化合物；90% 的苯在常青藤中消失；龙舌兰可"吞食"70% 的苯、50% 的甲醛和 24% 的三氯乙烯；吊兰能除去 96% 的一氧化碳、86% 的甲醛……

　　同样，中国的科技人员也做了大量的实验，这些实验也证明绿色植物具有净化室内空气的功能，如吊兰在枝繁叶茂时可有效地吸收窗帘甚至卫生纸释放的甲醛；波士顿蕨每小时能吸收大约 20 μg 的甲醛，被认为是有效的"生物净化器"，它还能降低计算机显示器和打印机释放的甲苯和二甲苯等的浓度；鸭掌木可以从烟雾弥漫的空气中吸收尼古丁和其他有害物质；绿宝石微张开的叶子每小时可吸收 4～6 μg 的有害物质，并将它们转化为对人体无害的物质；散尾葵每天可以蒸发出 1 L 水，是天然的加湿器，还可以去除甲苯、二甲苯、甲醛等。

赖玉珊的论文《四种花卉植物净化室内环境效果研究及检验方法研究》中以甲醛作为污染气体，选择 4 种花卉植物（红豆杉、美人蕉、八角金盘、茉莉）对室内空气中污染气体进行去除和净化。实验结果表明，12 小时内，在不同的甲醛浓度条件下，4 种植物均有一定吸收污染物的能力，并且不同植物在不同甲醛浓度下的吸收量有显著差异。其中，红豆杉在不同甲醛浓度下均表现出较强的吸收能力，在低甲醛浓度下美人蕉吸收效果最差，在中等浓度和高浓度下美人蕉、八角金盘和茉莉表现出较接近的吸收能力……

另外，绿色植物可向大自然释放大量的负离子（负离子是一种带负电荷的空气粒子，通常所说的负离子是指负氧离子）。负离子被人们称为空气维生素，其浓度通常是指单位体积空气所含负离子的个数，单位为"个 $/cm^3$"。实验证明，环境空气中负离子的浓度越高对人体健康越有益。据报道，我国广西巴马被誉为"长寿之乡"，其原生态的居住环境使游人络绎不绝，空气中的负离子浓度可达 4 000～5 000 个 $/cm^3$。这里风景秀丽、绿树成荫、鸟语花香、空气清新，且远离城市的喧闹、汽车废气、雾霾等，是疗养、休闲、旅游观光的好去处。

优美的环境令人心情愉悦、头脑清晰、精神振奋、流连忘返。

吴仁烨、邓传远等在《具备释放负离子功能室内植物的种质资源研究》中，对植物释放负离子进行研究，筛选出了可以产生较高浓度负离子的室内植物，希望能提高室内环境负离子浓度，改善室内空气质量。

他们在一个密封的玻璃室（80 cm × 80 cm × 80 cm）内对天南星科、百合科等 25 个科的 36 种植物释放的负离子浓度进行测定。结果表明，桑科的琴叶榕产生的负离子浓度最高，为 76 个 /cm^3；景天科的玉树最低，为 26 个 /cm^3。从全天的均值来看，蓬莱松和四季海棠产生的负离子最多，浓度为 43 个 /cm^3，是对照实验的 2.4 倍。大部分植物在自然状态下产生的负离子浓度都表现出白天高于夜晚的特点。除个别植物变化幅度较大外，大部分植物在全天不同时段产生的负离子浓度均较为稳定……

因此，笔者建议用绿色植物美化我们的环境，如在庭院、街道两旁多种花种草。植物除能净化环境空气外，还具有吸收空气中的尘埃、保温、防止水土流失等功能。居室（如阳台、客厅等）的绿化，可采用盆栽、盆景、插花等方式，既美化了环境，净化了室内空气，又可以在一定程度上反映室内空气质量。

目前，世界上许多国家的环保部门都在广泛宣传绿色植物对人体健康的益处，提倡人们种植绿色植物改善家庭空气质量。

种植绿色植物

一、培育城市和家中的"绿肺"

绿色植物可吸收大量的二氧化碳气体。英国利兹大学研究发现，在人类每年制造的约 380 亿 t 二氧化碳中，森林差不多可吸收其中的 40%。联合国政府间气候变化专门委员会估算，1.15 万亿 t 碳储存在森林生态系统中。不论种植何种植物（树木、花、草等）采用何种形式进行环境绿化，都能达到吸附有害气体和灰尘、降低室内噪声的作用。

二、爬墙能手

在平房或低层建筑周边可以种植一些藤本植物，如爬山虎、叶子花、紫藤、葡萄、金银花等。这些"爬墙能手"一旦在墙脚下生根，就会攀岩引叶，迅速蔓延。爬山虎如在春天栽种，当年就可以长到 6～8 m，一棵就可以把一座 400 m^2 的四层楼房覆盖，将浓郁的绿意献给人们。

三、壁上彩毯

"壁上花园"即将细线在靠墙处织成网状，将各种攀岩植物引上网，在墙上织成由叶子和花组成的"彩毯"。阳光充足的墙面常用矮牵牛、天竺葵等植物装饰；阳光不足的墙面可采用柚叶藤、地锦、羊齿等植物。

四、植物砖

在巴西某市，有人将已调制好的土壤、肥料、草籽等送往工厂制成墙砖，在工厂培育出草后，用这种"植物砖"造房，如同将巨大的草坪铺在墙上。

五、垂直花园

一些机构曾指出墨西哥每年都有大量居民死于与环境有关的疾病。为此，墨西哥市政府启动了一项"坚固住房"计划。通过该计划，高楼大厦被"垂直花园"、太阳能板和雨水渗漏系统占满。人口密度大的巴伦西亚社区是这个计划的第一个受益者。社区加装了太阳能加热装置。大约 700 m² 的墙面被改造为"垂直花园"。绿色植物挡住了许多难闻的气味,孩子们终于能生活在一个干净的环境中,打开窗户就能呼吸新鲜的空气了。

六、绿色长廊

总投资 2 500 万元的北京密云区百里绿色长廊横贯密云全境,展现了长 65.7 km 的京承(北京密云至河北承德市)密云段的绿化、美化工作成果,按照"春花、夏绿、秋红、冬青"的绿化要求,由内到外、由低到高分为四个层次,种植了油松、雪松、黄栌、火炬、金丝柳、速生杨等树木 8 000 多株,形成高低错落、层林尽染的效果。树下还种植了白三叶草、紫花苜蓿等植物。

七、屋顶花园

福建省厦门市一些社区的政府部门为百姓做实事,把居民楼加固,铺好防水层,并装上防护门,这样居民就可以在楼顶养花种草。由于厦门市属于海洋性气候,植物生长茂盛,加上该市绿化工作做得好,街道清洁美观,配合小区的立体绿化,厦门环境更加优美,吸引了大批中外游客。

八、引绿进屋

室内环境绿化可根据居住条件、个人爱好等因素进行。屋内绿色植物大致可分为三类。一是观赏叶类植物。主要是观青看叶。这些植物大多产在热带,喜欢潮湿及阳光不足的环境,如南洋杉、万年青、文竹、吊兰、龟背竹等。这些植物易在室内生长，一些植物叶面很大，清洗干净后油亮青翠。二是赏花类植物。这些植物品种繁多，如月季、米兰、茶花、水仙、虎刺梅、杜鹃、君子兰等。这些花在绿叶衬托下竞相开放，给人们带来乐趣。三是观赏果类植物。如金橘、石榴、五彩椒、金枣、枸杞等，收获季节硕果累累，一派丰收的景象。在室内种植植物应注意，不要选择有毒性或气味过浓的品种，避免其影响健康。

九、阳台绿园

阳台的绿化可以分为上、中、下三个部分。上部可选择牵牛花、常青藤、葡萄等藤科植物，用竹竿、绳子将其牵向空中，也可悬挂吊兰。这些植物枝叶茂盛、遮日隔热，宛如绿色屏风。中部可自制金属箍，放置花盆。如果护栏杆空隙大，可在沿栏杆处设置扁形的花箱，从室外眺望，有如花卉围绕。下部可在阳台的一端或两端设计梯形的花架，占地面积小、绿化面积大。

采光不好的阳台可摆放低矮的植物。既不占用空间，不影响室内通风和采光，又能保持室内整齐美观。

十、大树冲天

美国纽约州肯尼迪机场的候机室，无数鲜花盛放，一棵棵大树冲天而起。纽约世界金融中心的前厅内种植着数十棵几十米高的棕榈树。拉斯维加斯各大超级市场的护栏走廊、咖啡厅旁也常种植草木，使人仿佛置身于大自然中。

保护好你的眼睛

中国传统医学认为，神是人体生命活动和精神活动的总称。《黄帝内经》曰："得神者昌，失神者亡。"眼睛是人的灵窍，心灵的窗户，传神的灵机，人体五脏六腑之精气皆上注于目。闭目养神对于中老年人及终日劳心用脑或长期使用目力者大有裨益，持之以恒，定会获益。

一、"屏幕眼"

眼睛是人体的重要器官。一个人有一双健康的眼睛，是一生的幸福。随着科学技术的发展，手机、计算机、电视等给人们的工作和生活带来极大的方便。现代人，特别是年轻人，乘车、走路看手机，在手机屏幕上玩游戏、看节目，屏幕快速闪烁，使人眼花缭乱。上班使用计算机，回家看电视。由于长时间看各种屏幕，结果出现头脑发昏、视力模糊等症状。医生称之为"屏幕眼"，据统计，在看眼科的患者中，约有 60% 的人患"屏幕眼"。"屏幕眼"又称为"屏幕终端综合征"。临床表现为眼睛红肿、疼痛发痒、刺激性流泪、视力模糊等。另外，由于长时间维持低头或者仰头等固定姿势看屏幕，还会引起颈椎病，出现头晕、恶心等症状。曾有一位刚刚学会使用计算机的业余作家，他废寝忘食地在计算机上写作，结果书写完后因患上了严重的眼疾，住进了医院。他在报纸上发表了题为"电脑把我害苦了"的文章，警示人们不要长时间不间断地使用计算机，同时提示厂家应在产品说明书上提醒用户适当休息，避免伤害眼睛。

二、眼睛与照明关系密切

人眼健康与照明、采光有着密切的关系。因此，符合卫生标准的照度，可以保护你的眼睛。2010 年，原卫生部和国家标准化管理委员会发布了《中小学校教室采光和照明卫生标准》（GB 7793—2010），同年市区两级疾控中心对全市中小学校教室照明环境进行卫生监测，全市中小学校教室课桌面平均照度合格率为 60.3%，黑板平均照度合格率仅为 22.9%，教室及黑板照明条件不合格的学校共有 1 496 所。《北京市 2010 年国民体质监测结果公报》显示，北京市中小学生视力不良检出率为 60.2%。其中小学生为 43.5%，初中生为 71.89%，高中生为 81.89%。近年来，北京市卫生监督机构加强了对市中小学校教室采光照明的监督检查，以降低儿童青少年近视发生率。

充足的光照不仅可以提高学习和工作效率，还可以防止意外事故的发生。反之，过暗的光线会引起人们视觉的疲劳，使工作和学习效率低下。光照不足还会造成视力模糊，易引发各种事故，甚至危及生命。青少年正值生长发育期，长期在昏暗的灯光下上网、学习会造成视力下降。

三、自然光源和人工光源

太阳是自然光源，太阳光的可见光波段的辐射相当稳定，其波长范围在380～760 nm，由红、橙、黄、绿、青、蓝、紫七色光组成。其实光线本身并没有颜色，不同波长的光刺激人体器官产生神经信号，这些神经信号被输送到大脑转变成为色彩感觉。

人工光源种类很多，如各种灯具、火焰、蜡烛、油灯、电弧、激光器及各种发光管等。白天，人们利用太阳辐射的可见光观察室内物体的形状、位置、颜色，这被称为采光；夜晚等自然光源不能满足要求的情况下，人们使用人工光源分辨物体的大小、距离和色彩，这被称为照明。

四、人工光源的卫生学要求

灯具是人工光源。人们对照度的生理要求随生产和生活活动的不同而有所区别。在一般情况下，人们走路时，需要的照度不低于10～15 lx，读书写字的照度为100～300 lx，做精细工作的照度为500 lx。

在我国《建筑照明设计标准》（GB 50034—2013）中，对人工照明的照度要求，可根据视觉作业的精密度和持续时间而定，一般客房不低于75 lx，卫生间为150 lx，走廊为50 lx，图书馆、商店、会展中心等场所多不低于200 lx，医院候诊室的照明标准为200 lx。在影院中，为了保护观众的视力，使观众享受到良好的视觉效果，电影休息厅照明标准值为150 lx。

人工照明的卫生要求包括足够的照度、照度均匀度、防止眩目、光谱组成接近日光等。如为了防止眩目，可在人工光源上安装灯罩，发光灯丝的水平沿线与灯罩下沿到发光丝一端的连线夹角（保护角）不小于25°。调整光源的悬挂高度也可以防止眩目。对需要分辨颜色的工作场所和生活场所应选择光谱接近日光的人工光源。

五、保护眼睛的卫生贴士

（1）人们夏季在海滩晒日光浴时必须佩戴太阳镜，防止紫外线对眼睛造成伤害。在白雪皑皑的青藏高原上，强烈的紫外线进入眼内，可致紫外线眼损伤，导致白内障和雪盲。因此，当地居民、旅游者、登山运动员等都必须戴上防护眼镜。

另外，太阳的辐射可使人体的红细胞增多，为人体提供大量的维生素 D，老年人常晒太阳可以增强体质，儿童晒太阳可以防止患佝偻病。太阳光对病原微生物具有杀灭作用，所以应尽可能地利用自然采光，但要注意保护眼睛，防止紫外线的伤害。

（2）夜间看电视时，室内必须有一定的光照，防止黑暗中电视机屏幕发出的强光刺激眼睛，产生眼疲劳。同时，看电视时应根据电视机尺寸的大小，保持一定的距离，防止近距离观看伤害眼睛。另外，使用计算机时间不宜过长，要适当休息，使疲劳的眼睛得到放松，可以眺望窗外绿色的树木或者看一些绿色花草。

　　从事脑力劳动和用眼较多的职业，如作家、编辑、操盘手、教师、司机（出租、长途客货运输、火车）、精密机械加工人员、装配人员及科研人员等，必须有充足的睡眠，另外工作一段时间后可适当地静坐闭目休息一下。在乘坐地铁、公交车时可将看手机改为听手机，戴上耳机闭目静听，可放松脑神经，使眼部神经得到休息。

　　（3）良好的生活习惯，正确的坐姿可保护眼睛。每年寒暑假，在医院眼科中许多孩子在家长的陪伴下，排着长龙等待看诊、配眼镜。现在戴眼镜的青少年越来越多，九年义务教育使青少年大部分时间都在学校读书学习，正确的坐姿、明亮的教室、规范的眼保健操，使他们能保证用眼健康。可放学后或者寒暑假，有些孩子自控力较差，长时间上网；有些孩子躺着或趴着看书；有些家庭光照不足，孩子在昏暗的灯光下写作业，这些不良习惯都会伤害眼睛。

为了保证学校教室有充足的光照，北京市在全市中小学全面推进"阳光学校"建设，为千所中小学安装太阳能发电设施。明亮且光线充足的教室能使学生健康、愉快地学习。

总之，符合卫生标准的光照、优美舒适的生活环境、合理的膳食、健康的生活方式，都有利于你的眼部健康。请像爱护生命一样爱护你的眼睛。

微塑料污染对人类的危害

塑料制品应用广泛，无论是工业还是农业，人民生活的方方面面都离不开它，安全、合理地利用塑料制品会给人类带来财富。但是，人们更要知道它的出现所带来的一些负面影响。本文主要介绍塑料微粒（碎片）给健康和环境带来的影响。

奥地利研究团队开展了一项关于塑料微粒污染对人类的影响的研究。他们采集了 8 位分别来自欧洲、日本及俄罗斯的志愿者的粪便样本，检验粪便样本中是否有微塑料。在采样前，8 人都进食过塑料包装的食物和饮用过塑料瓶装水，检验结果显示，粪便中含有 9 种不同的塑料，常见的如聚丙烯（PP）、聚对苯二甲酸乙二醇酯（PET）等，平均每 10 g 粪便中就有 20 粒微塑胶，微粒直径由 50～500 μm 不等。

团队中维也纳医科大学（Medical University of Vienna）的研究员指出，这是首次证实微塑料已进入人类的肠道，其对人类肠道疾病患者的影响值得思考。该团队估计，现在全球超过 50% 的人的粪便都藏有微塑料，细小的 50 μm 的微塑料可能会进入血液、淋巴系统，甚至肝脏或胃部被人类消化吸收。

一、塑料使用对人类是福还是祸

2013 年，西班牙出版的月刊《趣味》中，阿尔瓦罗等撰写了题为《没有这 10 项发明世界会更好》的文章。该文章指出，有些发明在当时看上去是不错的，但时间证明并非如此，就连最坚定的人类才华捍卫者也承认有些发明糟糕透顶。有时一些发明会产生意想不到的负面效应。在多数情况下，由于缺乏长远眼光，人们会使用这些糟糕的发明，当他们发现问题时往往为时已晚。作者所说的 10 项发明就包括了塑料瓶和塑料袋。

一般来讲，一个塑料瓶（袋）可能需要 700 年才能降解，而 80% 的塑料瓶无法回收。如果塑料瓶（袋）进入大海，会危害水中生物。其生产过程又会产生大量二氧化碳，导致全球气候变暖。

中国新闻网报道，山东省章丘市最大的江北废旧塑料市场始建于 1983 年，废塑料产业长期被当地农民当作"致富之路"。整个市场集收购、分拣、加工为一体，覆盖了白云湖等乡镇，涉及 36 个村，从业人员约 5 万人。辐射河北、浙江、广东等 6 省 1 市，一度成为长江以北最大的废旧塑料市场，年交易额达 10 亿元。

但是，市场的"繁荣"换来的却是恶劣的生态环境。在白云湖周边的几个乡镇，癌症、皮肤病等各种疾病发病率不断升高，白云湖连续 5 年没有一名适龄青年通过征兵体检……

让人欣慰的是，章丘市的领导和群众已经认识到了问题的严重性，彻底放弃了废旧塑料回收业务，开启新的致富路，如章丘大葱、章丘铁锅等产品畅销全国。

二、海洋塑料污染严重

美国海洋保护协会指出，海洋塑料垃圾 80% 来自陆地，20% 来自海洋（是航行在海洋上的船舶丢弃的）。工业和生活废水中的微塑料都会随河流入海。海啸时，暴雨、狂风、海浪将沿海居民的房屋摧毁，家具、树木、汽车、小型船只等全被卷入海中。落潮时已死去的海鸟、鱼类及其他散落的垃圾（包括塑料垃圾）被推上海滩，给沿岸的环境卫生带来巨大的灾难。

每年有上千万吨塑料垃圾进入海洋，对水生生物等的危害触目惊心。2017 年，我国"蛟龙号"载人潜水器从大洋深处 4 500 m 处带回的海洋生物体内发现了微塑料的身影。更让人忧心的是《华盛顿邮报》网站 2021 年报道，涉疫塑料垃圾已有一部分进入海洋，可能对动物和海洋产生影响。

随着全球人口数量的不断增长，塑料需求持续增加，由于这些材料不会轻易降解，塑料垃圾可能会堵塞海洋动物的消化系统或缠住它们的身体。据联合国环境规划署的数据，每年有成千上万的海鸟、海龟和其他动物因塑料垃圾而死亡，大约 60% 的海鸟吃过塑料碎片，预计到 2050 年，这一数字将增加至 99%。

由于塑料垃圾密度低，可以搭上洋流顺风车在世界各地扩散，从太平洋的岛屿到英国的海滩，甚至是北极圈都能找到它们的"踪迹"。这些垃圾通常集中在地球重要的海洋环流上，导致这些区域被严重污染，最大的海上塑料垃圾堆是太平洋垃圾带，它是位于夏威夷岛和加利福尼亚州之间的塑料垃圾区。

亨德森岛位于南太平洋，1988 年成为世界自然遗产。塔斯马尼亚大学的科学家统计，岛上大约有 3 770 万块塑料碎片，这可能是世界上塑料污染最严重的地方。平均每 1 平方米海滩有 671 个塑料垃圾，这是已知塑料垃圾密度排名居于前列的地方，海洋塑料垃圾污染触目惊心。

媒体报道，菲律宾海洋研究团队，在世界第三大海沟——菲律宾海沟进行探测活动时，意外地发现，在潜艇下降至 10 540 m 后，海底有大量塑料垃圾，各种生活用品应有尽有，就如同超市一般。这些垃圾在深海阳光和氧气不足的情况下无法降解。另外，在马里亚纳海沟深 10 000 m 的海底，科学家也发现了大量的塑料垃圾。

三、海洋塑料微粒是如何产生的？

虽然塑料不易降解，但它们暴露在阳光下，经物理摩擦也会分解成越来越小的微粒。虽然这些微塑料本身不一定有毒，但它们可以吸收并蓄积水中的有毒污染物，比如滴滴涕杀虫剂（DDT）和多氯联苯等。这些微塑料经常被小型海洋生物摄入，而浮游生物和贻贝这些小型海洋生物被较大的动物吃掉后，有毒化学物质会随着食物链累积，对动物甚至食用被污染的海鲜的人类造成危害。

另外，英国《卫报》报道，明尼苏达大学公共卫生学院化验了12个国家征集到的159份饮用水样本，结果发现抽检的水样中83%都含有塑料纤维。越是工业发达的国家，水质塑料纤维污染越严重，在欧美地区、亚洲各国的饮用水中普遍含有塑料纤维，而污染率最高的是美国，达到94%。这也值得引起我国注意。工业化繁荣的背后是严重污染，造成污染的不仅有传统污染物，还包括一些新型污染物。

四、"限塑""禁塑"防止白色污染

（1）我国已全面禁止进口"洋垃圾"。这些垃圾污染我国的生态环境，给从业人员的身体健康带来危害。这一举措是政府为人民办的一件实事，获得了国人的点赞。

（2）2008年3月28日，国务院办公厅发布了《关于限制生产销售使用塑料购物袋的通知》。从2008年6月1日起，所有超市、商场、集贸市场等商品零售场所将一律不得免费提供塑料购物袋，也不得销售不符合国家标准的塑料购物袋。

北京主要超市、商场、市场等纷纷亮出塑料购物袋收费公示牌。国内一些大型超市已经改为使用可降解塑料袋。塑料之所以被称为"白色污染",主要是因为塑料难以降解,不透气。当土壤中含有塑料时,可能造成植物不能扎根生长,导致植物倒伏甚至绝收。

(3)《每日电讯报》等媒体报道,英国伊丽莎白女王正式"宣战",宣战对象不是某些国家,而是全人类的公敌——塑料。女王正式发起塑料战争。她命令:"在所有皇室地盘上禁止使用塑料管、塑料瓶。"促使女王大动干戈对塑料宣战的人是与其同年的"世界自然纪录片之父"大卫·爱登堡(David Attenborough)。正是他与女王进行的关于保护英联邦野生动物的交谈,促使女王下定决心。

(4)韩国从 2019 年 1 月 1 日起实行大型超市"全面禁塑令"。根据《关于节约资源及促进资源回收利用的法律修正案》,从 2019 年 1 月 1 日起,韩国 2 000 多家大卖场以及 1.1 万家店铺面积超过 165 m^2 的超市全面禁止使用一次性塑料袋。

除鱼类和肉类必须用塑料袋外,相关大卖场和超市只能为顾客提供环保购物袋、纸质购物袋、可回收容器等盛放物品。如果发现商家使用一次性塑料袋将被处以 300 万韩元(约合 2 700 美元)的罚款。

五、几种化学物质通过塑料微粒对人体造成的危害

(1)DDT 属于有机氯农药,用于防治作物病虫害。有机氯农药属于高效广谱杀虫剂。自 20 世纪 40 年代证明 DDT 具有显著的杀虫效果以后,已陆续合成了狄氏剂、艾氏剂、异狄氏剂、六六六、氯丹等有机氯杀虫剂。

DDT 挥发性低，化学性质稳定，不易分解。纯品的 DDT 是白色、几乎无臭的针状结晶。化学名为双对氯苯基三氯乙烷，分子式为 $C_{14}H_9Cl_5$。有机氯农药会对土壤、空气、水体造成污染，并可以通过食物链富集，如水体中的 DDT，一部分可被浮游生物吸收或被水中悬浮颗粒物吸附，当悬浮物沉淀后，形成底质，又变成底栖生物的饵料。水中的 DDT 可通过浮游生物、小鱼、大鱼、水鸟等捕食生物形成的食物链在生物体内富集，在水鸟体内的 DDT 含量会比在水中含量高出 800 万～1 000 万倍。

同样，家畜及哺乳动物可通过被污染的饲料和其他食品摄入 DDT；DDT 可以随河水流入大海或挥发到空气中再溶入海洋，而海洋中 DDT 与微塑料亲和性更高，它和塑料微粒一起被人类食用后，会引发中毒性疾病。

（2）多氯联苯（PCBs）是苯环上的氢被氯置换形成的一类氯化物，其混合物为无色或淡黄色油状液体。这类化合物具有稳定、耐火、绝缘、高压和导热等特点，工业上常用作增塑剂、绝缘剂、热媒体、高温润滑剂和防腐涂料。生产和使用 PCBs 的工厂，其废水、废弃物若随意排放，会对江河、湖泊和海洋造成污染。它在海水中的分布特点为沿岸水域较高，远洋水域较低。PCBs 污染范围很广，从南极的企鹅到北极的鲸鱼体内都检测出了 PCBs。海水、河水、水底、土壤、大气、野生动物以及人乳和脂肪中都发现了 PCBs，因此它的污染是全球性的。进入人体后，PCBs 主要蓄积在脂肪组织及各种脏器中，世界卫生组织（WHO）国际癌症研究机构（IARC）于

2017 年 10 月 27 日公布的清单中，确认 PCBs 是 1 类致癌物。

PCBs 与 DDT 相似，也可以通过塑料微粒经食物链进入人体造成危害。

（3）双酚 A。研究表明，盛着室温水的新旧塑料瓶释放的双酚 A 等量。但当科学家将这些瓶子装上沸水时，双酚 A 的释放速度比装室温水时快了 54 倍。专家介绍，双酚 A 拥有"内分泌干扰素"的别称，因为它们能模仿性激素对身体产生作用。

（4）邻苯二甲酸酯。它是一种起软化作用的化学品，普遍应用于玩具、食品包装材料、医用血袋和胶管、乙烯地板和壁纸、清洁剂、润滑油、个人护理用品（如指甲油、头发喷雾剂、香皂和洗发剂）等数百种产品中。

欧盟关于邻苯二甲酸酯的指令于 2007 年 1 月 16 日正式实施。根据指令要求，邻苯二甲酸二己酯等将被限制在所有玩具和儿童用品所使用的塑料中使用。经研究证明，如果将邻苯二甲酸二己酯等放入口中，且放置时间足够长，就会导致邻苯二甲酸酯溶出量超过安全水平，危害儿童的肝脏和肾脏，还可能引起儿童性早熟。

其他危害人体的化学品也可能被塑料微粒吸附，通过食物链进入人体，这些应引起我们注意。

六、安全使用塑料制品，确保人体健康

塑料制品给人民生活带来方便的同时也带来了"灾难"，因此合理使用、加强研究、正确处理，才能保证人类免遭

其害。

（1）在盛放食物时要按用途正确选择塑料制品或少用塑料制品，盛放热的食品不要用泡沫塑料容器，不要将聚氯乙烯塑料容器放入微波炉加热，尽量选择耐高温玻璃或陶瓷器皿进行加热。

（2）开展塑料微粒对人体健康危害的毒理学研究，告诉人们这些有毒的塑料微粒是怎样进入人体的，其危害程度有多大，污染的分布又如何。

（3）加强对废旧塑料回收的安全管理。废旧塑料制品属于可回收利用的资源，如塑料瓶。将回收的瓶子进行清洗、消毒、烘干、粉碎，加工成颗粒，这些颗粒可以用于制作再生塑料雨鞋、手套、盆等产品。需要注意的是，再利用过程中应防止塑料粉碎时的粉尘等污染环境，且这些再生制品不得用于储存食品、饮用水等。

我国相关卫生管理法规要求，凡是与饮用水接触的塑料管材、储水设备，其所用的各种材料必须通过卫生部门的检验，即将这些材料在水中浸泡数日后，按照国家生活饮用水标准进行化学和毒理学指标的检验，合格后报上级批准才能投放市场。

（4）废旧塑料建筑材料在存放地（如垃圾场、废品收购站等）存放时，绝不允许露天焚烧。国内研究人员曾对常用的建筑装饰材料燃烧产生的气体产物进行分析，在聚丙烯酰胺、脲甲醛树脂、聚氨基甲酸酯等材料燃烧的气体产物中检测出了氰化氢、二氧化碳、一氧化碳、氮氧化物、二氧化硫、氨等物质。

（5）住在海洋、河流、湖泊周边的居民要做好垃圾分类工作。千万不能乱扔垃圾，尤其是旅游景点的环境卫生要管理好，来河滩、海滩的游客必须将垃圾收拾干净，及时清理，绝对不允许丢在河流、海洋或近岸污染环境。

塑料微粒可以进入人体，因此应进行安全防范，减少塑料使用量，这样才能保证人类的健康。

空气中的臭味与香味

　　气味的种类有很多，据调查，一般人能分辨 2 000 种气味，经过训练的人可以分辨 10 000 种气味。在气味的分类方法中最常见的是将其分为香味和臭味两大类。在生活中香味与臭味始终"陪伴"着我们。臭味让人厌恶，故有"臭不可闻""臭气熏天"等词汇。香味可使人心情舒畅。那么，大家都了解它们吗？

一、人的嗅觉

　　人类嗅觉基因超过 1 000 种，位于鼻子上皮上端的嗅觉受体细胞内，每个嗅觉受体只对 1 种或几种气体特别敏感。嗅觉比较灵敏的法国调香师每天最多能分辨出 1 000 多种气味。这远远比不上有些动物，像猫和狗就能识别和记忆 4 万～5 万种气味。

二、臭味对人体健康的危害

　　目前，能被人的嗅觉感受到的恶臭物质有 4 000 多种，其中对人体危害较大的主要有硫化物、有机胺、醛、酮、酸及无机氨等。

　　硫化物中的硫化氢（H_2S）具有臭鸡蛋气味。它主要由动植物氨基酸分解产生，对人类的呼吸道和眼睛黏膜有刺激作用。含硫有机化合物中的硫醇易挥发，气味非常难闻，当空气中含有四亿六千分之一毫克的乙硫醇时，人就能闻到它的气味，它主要作用于人体的神经系统，吸入低浓度的乙硫醇可引起头疼、恶心等症状。氨主要是含氮有机物腐败分解的产物，可对人类的口、鼻黏膜及上呼吸道产生强烈的刺激作用。轻度的中毒可表现为鼻炎、气管炎、支气管炎等症状。有机杂环化合物中吲哚的衍生物，在自然界中分布广泛，其中的 β- 甲基吲哚存在于粪便中，奇臭无比。

室内的臭味污染多是人为因素造成的，如喜欢养花的人常泡黄豆水浇花，长时间浸泡的黄豆发酵后，臭味扑鼻。喜欢饲养宠物（如猫、狗和鸟类等）的人，如不注意清洁卫生和消毒，这些宠物不仅能传播疾病，其粪便、尿液也会散发出臭味，污染环境。室内的卫生间不经常打扫或个人卫生太差都会影响室内卫生。在人群聚集的影剧院、舞厅等公共场所，由于人员密度大，人体散发的汗臭味也会污染室内空气。

三、恶臭物质臭气强度鉴定方法

对恶臭的监测分析方法有两种：一是嗅觉测定法。该方法是依靠人类的嗅觉评价气味的强弱。二是仪器测定法。该方法主要包括气相色谱法、气相色谱／质谱法，高效液相色谱法、离子色谱法、分光光度法、气味传感器法等，用仪器进行恶臭物质测定，确定恶臭物质的成分与浓度。

有一支神秘的"特殊部队"，用鼻子监控空气中的臭味，他们就是嗅辨员。根据国家规定,嗅辨员年龄需在 18～45 周岁,身体健康,不吸烟、不喝酒、不喷香水、不涂化妆品、不涂指甲油,鼻子不能有鼻炎等嗅觉器官的疾病。

对符合上述要求的参训人员进行特殊的培训,如果鼻子能分辨出花香、汗臭、甜锅巴味、成熟水果香和粪臭这 5 种单一气味,就基本具备了申请当嗅辨员的条件。

从事嗅辨工作的前一天嗅辨员不能吃大蒜、香菜、麻辣火锅之类的辛辣或气味较重的食物,甚至不能穿刚刚涂完鞋油的皮鞋。规避一切带有强烈的刺激性气味的物品,还要充分休息,保持心情平静,以保证良好的嗅辨能力。

嗅辨员目前只有国家恶臭污染控制重点实验室才能培训。申请者必须通过该实验室的笔试和嗅觉测试,才能拿到上岗资格证。3 年后资格证重新注册,重新测试。

四、香味的来源

香料可分为植物香料和动物香料两大类。在植物香料中,芳香植物的花、叶、枝、根、茎、树皮、果实、果仁等均可作为提取香料的原料。已知植物香料的品种多达 500 种。动物香料主要包括麝香、灵猫香、海狸香和龙涎香等。

五、香料在生活中的应用

由于天然香料价格昂贵,且供不应求,随着有机合成技术的发展,人工合成香料品种增多,已至少有 3 000 种,然而,天然香料有着特殊的性能,不会被合成香料完全取代,而是与合成香料协同发展，取长补短。

香料的应用十分广泛，在生活中，衣食住行等处处离不开它，如动物香料中的麝香，它来自哺乳动物雄性麝鹿肚脐和生殖器腺囊的分泌物，干燥后呈颗粒状或块状，有特殊的香气，可以制成香料，也可以入药，是中枢神经的兴奋剂，外用还可镇痛、消肿。香烟在制作过程中，也需添加一定量的香料。香烟添加香味剂的种类有数百种，其中包括巧克力味、甘草味和草莓味等。荷兰的毒理学家和经济学家安东·奥博赫伊曾说："在食品中使用的所有添加剂都可被用于香烟。"另外，在普通日化用品，如香皂、牙膏等产品中，也配有 10～30 种香料。在牙膏中香料的用量为 1%～2%。牙膏选用的香料要能消除发泡剂等原料的气味，赋予膏体清爽的香气。对于香型的爱好因人因地而异。牙膏普遍使用的香料有留兰香、薄荷油、冬青油、丁香油、橙油、黄木油、茴香油、肉桂等。在高级香水中，一般至少配有 100 种香料。女士们使用的化妆品为使气味芳香宜人也大多添加一定量的香料。

人们为了使食物香甜可口，在炖肉时，也会加香叶等一些香料。人们用木屑掺香料做成细条，燃烧时散发出好闻的气味，这种条状物称为"香"。这些香加些药物就是蚊香，可用于驱蚊等。

春天，学校组织师生到郊外各大公园、植物园参观、游览。当人们走进鲜花丛中，香味扑面而来，这是因为鲜花中含有微量的香精油。香精油是天然香料存在的主要形态，而天然香料的提取需要大量含香精油的植物，且提取出的香料量少、浓度高，这种香料是没有经过稀释的，若直接嗅它，由于香味过强，会强烈地刺激人的嗅觉，不但不会觉得香，反而会闻到难闻的臭味，即使像玫瑰或茉莉这种高价香精油也绝对不会使人愉悦。

因此，在生产化妆品的企业中大多有调香师，他们把浓的香精油稀释得很淡使其闻起来十分芳香。对结晶状和树脂状的香料则用稀释剂先溶解后再稀释。对稀释剂的基本要求是完全无臭，且可以溶解大部分香料，稳定性好而且价廉易得，乙醇是最理想而且应用最广泛的稀释剂，因为它的挥发性适中，对香料的溶解性很好，而且比较稳定，但因香料的香味各有特点，其稀释剂也各有不同，除乙醇外，其他香料稀释剂还有水、苯甲醇等。

在人们的生活中，除化妆品中香料用量较大外，人们为了清新室内厕所及公共厕所的空气，常燃香或者使用除臭剂、芳香剂等。但用香味并不能从根本上去除臭味，因此使用除臭剂、芳香剂不宜过勤、过多，否则反而使人产生不适感。另外，在各大医院周边花店的生意十分红火。人们探视病人时，多会选择带上一束花。但现在国内部分医院已明令禁止带鲜花进入病房。其理由是鲜花中的花粉可能引发病人及周边人群的花粉、蒿草过敏症，使本来患有哮喘的病人病情加重。

随着人们生活水平的提高，私家车已进入千家万户。许多司机在自己的爱车内放置车用香水，感受芳香给人带来的快乐。但劣质的香水充斥在市场内，这些香水多由化学香料或是工业酒精勾兑而成。这些化学香料中会有芳香族化合物，在封闭的车厢内，可对司机和乘客的呼吸系统产生刺激作用，出现咳嗽、头晕、呕吐等症状。在一些劣质香水中使用的软塑料制品含有邻苯二甲酸酯，这种化合物可影响男性精子发育，使精子的活力降低，甚至死亡。因此，劣质的香水必须从源头杜绝。司机要经常开窗通风，保持车内空气清新。

具有香味的化学成分可以通过口、鼻及皮肤进入人体，并通过血液循环到达身体各处。敏感人群使用不当易引发头疼（特别是偏头痛）、打喷嚏、流眼泪、呼吸困难、头晕、喉咙痛、胸闷等症状。需要注意的是，儿童比成年人更容易受芳香成分的影响。

家长使用香水不当会引起孩子注意力不集中、学习障碍、活动过度，严重的甚至会诱发惊厥、发育迟缓等。另外，各种香料作为食品添加剂使用时，要严格遵守《中华人民共和国食品卫生法》的规定，使人们能吃上放心、卫生、可口的食品。

　　总之，要合理使用香料。要想让香味散发在空气中，可以在家中（包括居民小区室外环境中）养花、种草，让植物吸收空气中的二氧化碳，释放出氧气。这样，既美化了环境，也为人们提供芬芳花香，使人心情舒畅，生活更加美好。

健康美甲

指甲和头发一样主要由角蛋白构成。指甲长在手指末端起到保护手指的作用，正常、健康的指甲每月约长 3 mm。

美甲是受到爱美人士欢迎的服务项目。不同国籍、肤色的人对美甲的要求不同，人们通常根据个人的爱好选择不同颜色和风格的美甲。

一、美甲方法各不相同

1. 植物美甲

用植物美甲的方法在民间流传至今。在我国有些地区仍在使用植物美甲。染甲的植物叫凤仙花，别名指甲花、灯盏花。这种花在全国各地均有栽培。夏季，叶腋下开着粉红色、红色、白色或紫色的花。用花美甲方法如下：将鲜花摘下放在小碗或臼子中，再放入少许明矾（十二水硫酸铝钾）混匀后，将其捣烂，然后涂抹在指甲上，用草叶包上，等待数小时后，去掉指甲上的花浆呈现在眼前的便是颜色如花般美丽的指甲。

植物美甲的优点是取材方便，无毒副作用。其缺点是受季节限制，仅能在夏、秋两季使用，且附着力不强，易褪色。

2. 指甲油美甲

随着人类对美的追求，指甲油的品种不断增加，让人们美甲更加方便。由于要在指甲上形成涂层，因此对指甲油的性能有一定的要求，如黏度适当、易于涂抹、成膜均匀、干燥快、牢固不易脱落、不损伤指甲、无毒或毒性较小等。

指甲油的主要成分：①成膜剂，如硝化纤维素等，是易溶于酯类、酮类的溶剂。②树脂，使用硝化纤维素时，膜薄带有脆性，亮度较差，附着力欠佳，易脱落，添加树脂后可增加硝化纤维素的亮度和附着力。③增塑剂，为使涂层柔软、持久，指甲油还需添加增塑剂，增塑剂的作用是软化硝化纤维素并增强硝化纤维素的韧性，减少涂膜的收缩和开裂。增塑剂包括真溶剂、助溶剂和稀释剂等。其中，稀释剂包括甲苯、二甲苯等。④色素，包括添加在指甲油中的色素和珠光剂等。

二、指甲油中的"健康杀手"

2004年4月2日《环球时报》发表文章指出，德国埃尔朗根－纽伦堡大学进行的专题研究表明，过去几十年全球男性精子数量减少，可能与轻工业中广泛使用增塑剂邻苯二甲酸酯有关。此报道一发表立即引起人们的关注。

文章介绍，邻苯二甲酸酯是一种起软化作用的化学品，被普遍应用于玩具、食品包装材料、医用血袋和胶管、乙烯地板和壁纸、清洁剂、润滑油、个人护理用品（如指甲油、头发喷雾剂、香皂和洗发液）等数百种产品中。邻苯二甲酸酯含有类似雌性激素的成分，可影响生物体的内分泌。它通过呼吸、饮食和皮肤接触进入人体。长期接触对外周神经系统有损伤，可引起多发性神经炎和感觉迟钝、麻木等症状，它对中枢神经系统也有抑制和麻醉作用。

此外，它还对人体造成慢性危害，主要表现为对人和动物的生殖毒性。接触邻苯二甲酸酯的男性胎儿成年后易出现尿道下裂、睾丸停止发育、小阴茎、精子数量少、睾丸癌、前列腺癌等病症。女性胎儿成年后易出现子宫内膜异位症、子宫癌、卵巢癌、乳腺癌等病症。邻苯二甲酸酯的急性毒性不明显，但动物实验表明，其具有致畸、致突变和致癌作用。

欧盟早在 2007 年就对生产包括指甲油在内的化妆品等提出了严格的要求，并告诫人们过量使用化妆品会对人体造成危害。

2012 年 4 月 1 日，《法制晚报》报道美国加利福尼亚州环境保护局调查报告显示，在该机构随机抽查的 25 种指甲油产品中，有 12 种存在标签不实现象，这些产品都声称产品不含有毒易剥落物质，但实际上这些产品均含有甲苯和甲醛等有毒物质，部分产品有毒物质含量属于高危水平。该机构指出，长时间接触这些化学物质会影响胎儿发育，导致癌症、哮喘和其他慢性疾病，可使美甲店的女职员及顾客处于潜在的危险之中。报告指出，指甲油含邻苯二甲酸二丁酯、甲苯、甲醛等。其中，邻苯二甲酸二丁酯和甲苯是公认的影响生育的毒素。美国食品药品监督管理局（FDA）认为，这两种物质的使用要控制在安全范围内。而甲醛是已确认的致癌物（主要致鼻咽癌）。

邻苯二甲酸二丁酯是硝基纤维素优良的增塑剂，可使制品有良好的柔软性，凝胶能力强，是指甲油生产的原料之一。它会对皮肤黏膜产生刺激，有轻度的致敏作用，并可引起接触者多发性神经炎、脊髓神经炎、颅神经炎、过敏性鼻炎及肠胃炎等。也有误服邻苯二甲酸二丁酯后引起恶心、头晕及中毒性肾炎的报道，该物质可燃并具有刺激性。

综合上述，指甲油所含的化学品对人体健康的影响不可小觑，因此，生产厂家要严格按照我国化妆品相关法律法规及卫生标准的要求，将有害物质的量控制在标准以下（国内尚无标准的，可借鉴发达国家的标准执行），生产出合格的产品供消费者使用。同样消费者也要了解化妆品的相关知识，做到安全使用包括指甲油在内的各类化妆品。在我国，化妆品的卫生管理与药品卫生管理同等重要。药品监督管理部门要严格执行对生产企业的监督检验和卫生管理，确保人民的生命安全。

三、使用指甲油的自我保护

（1）使用美甲产品应注意产品必须有药品监督管理部门批准文号、出厂日期和有效期等信息。购买时一定要认真查看这些信息，过期产品必须停止使用，千万不要贪图便宜，从非正常渠道购买伪劣产品，这样会伤害指甲和皮肤。

（2）最好在空气流通的环境下涂抹指甲油，抹完后立即将瓶盖盖上拧紧，防止瓶内有机溶剂的挥发。千万不要过量使用。儿童应远离这些产品。

（3）使用禁忌：处于妊娠期、哺乳期，体弱多病，免疫力低下及过敏体质人群，不要涂抹指甲油。要有自我保护意识。涂抹指甲油等化妆品时出现不适状况，应立即去医院皮肤科就诊，防止意外事故发生。

参考文献

［1］王箴.化工辞典：第二版 [M].北京：化学工业出版社，1979.

［2］吴沈春.环境与健康 [M].北京：人民卫生出版社，1982.

［3］曹守仁.室内空气污染与测定方法 [M].北京：中国环境科学
出版社，1988.

［4］孙绍曾，顾良荧，于珍祥.乡镇企业实用日用化学品制造技
术：上册 [M].北京：化学工业出版社，1988.

［5］夏元洵.化学物质毒性全书 [M].上海：上海科学技术文献出
版社，1991.

［6］国际放射防护委员会.室内氡子体照射产生的肺癌危险 [M].
李素云，译.北京：原子能出版社，1992.

［7］汪梅先.城市公共卫生 [M].北京：中国科学技术出版社，
1993.

［8］尹先仁，秦钰慧.环境卫生国家标准应用手册 [M].北京：中
国标准出版社，2000.

［9］吴慧山，韩耀照.室内装修要警惕氡、甲醛、苯等的危害 [M].
北京：原子能出版社，2000.

［10］周中平.室内污染检测与控制 [M].北京：化学工业出版社，
2002.

［11］邵强.家庭医学全书 8：环境与生活 [M].成都：四川科学技
术出版社，2002.

［12］李珍媛，张书成.生活环境中的氡及防治对策 [J].原子能科

学技术，2004，38（S1）：197-200.

［13］张寅平.中国室内环境与健康研究报告（2012）[M].北京：
中国建筑出版社，2012.

［14］徐东群.雾霾与健康知识问答[M].北京：化学工业出版社，
2013.

［15］北京市劳动保护研究所.室内环境与健康手册[M].北京：
中国劳动社会保障出版社，2016.